Janet und Colin Bord

Der amerikanische Yeti

JANET UND COLIN BORD

Der amerikanische YETI

aus dem Englischen von
Michael Uyma

MOEWIG

Umschlagmotiv: Fortean Picture Library
Printed in Germany 1998
ISBN 3-8118-1427-3

Washington
WA
Oregon
OR
Kalifornien
CA
Idaho
ID
Nevada
NV
Montana
MT
Wyoming
WY
Utah
UT
Arizona
AZ
Colorado
CO
New Mexico
NM
North Dakota
ND
South Dakota
SD
Nebraska
NE
Kansas
KS
Oklahoma
OK
Texas
TX
Minnesota
MN
Iowa
IA
Missouri
MO
Arkansas
AR
Louisianna
LA
Wisconsin
WI
Illinois
IL
Michigan
MI
Indiana
IN
Mississippi
MS
Alabama
AL
Ohio
OH
Kentucky
KY
Tennessee
TN
Georgia
GA
Florida
FL
West
Virginia
WV
Virginia
VA
North Carolina
NC
South
Carolina
SC
Pennsylvania
PA
Maryland
MD
Delaware DE
New Jersey NJ
New York
NY
Connecticut CT
Massachusetts MA
Vermont VT
New Hampshire
NH
Maine
ME

Vorwort

Im Gegensatz zum Yeti, dem Schneemenschen des Himalaja, wurde der Bigfoot oder Sasquatch Nordamerikas erst in den sechziger Jahren weltweit bekannt. Gesichtet wird dieses große, behaarte und menschenähnliche Wesen jedoch schon mindestens seit Beginn des 19. Jahrhunderts, und die Anzahl der Sichtungen liegt bei weitem über der ähnlicher Kreaturen im Himalaja. Da man anfangs der Meinung war, der Bigfoot lebe nur in den Bergwäldern im Nordwesten der USA und im südwestlichen Kanada, konzentrierte man sich bei der Suche vor allem auf diese Gebiete. Genauere Untersuchungen haben jedoch gezeigt, daß ähnliche Geschöpfe in den ganzen USA gesehen wurden. Ein Schwerpunkt liegt z. B. im Südosten des Landes, im von den obengenannten Regionen weit entfernten Florida. Die einzigen Staaten des US-amerikanischen Festlands, für die uns gegenwärtig keine Berichte über Sichtungen vorliegen, sind Delaware, Rhode Island und South Carolina. Dies bedeutet jedoch nicht, daß dort keine Bigfoots gesehen wurden. Andere Forscher kennen eventuell Sichtungen, oder sie haben Fußspuren gefunden. Unsere Fallsammlung erhebt keinen Anspruch auf Vollständigkeit. Viele in Lokalzeitungen publizierte Berichte sind wahrscheinlich nie in die Hände von Bigfoot-Forschern gelangt, besonders wenn sie aus den Jahren vor 1960 stammen. Und nicht jeder, der einen Bigfoot gesehen hat, erzählt auch davon. Aus Furcht, sich lächerlich zu machen, behalten viele Menschen ihre Beobachtungen für sich. Wir sind jedoch überzeugt, daß die von uns ausgewählten Fälle ein repräsentatives Bild über die Aktivitäten des Bigfoot in den USA und Kanada in den letzten 150 Jahren vermitteln.

In vielen der Schilderungen ist einfach von riesigen Fußspuren im Erdreich, Sand, Schlamm oder Schnee die

Rede. Sofern sie von erfahrenen Forschern nicht als Schwindel entlarvt werden, gibt es für derartige Spuren nur eine einzige vernünftige Erklärung: Sie müssen von einem Bigfoot stammen. Häufig wird ein Bigfoot in dem jeweiligen Gebiet auch gesehen und manchmal dabei beobachtet, wie er die Abdrücke hinterläßt. Bei diesem Beispiel wollen wir es aber in diesem Buch belassen. Es wurden bereits so viele Fußspuren gefunden, daß wir uns dazu entschlossen haben, nur auf solche Berichte einzugehen, in denen eine wirkliche Sichtung beschrieben wird. Zahllose Angaben über gefundene Fußspuren enthalten die in der Bibliographie aufgeführten Bücher.

Die Fälle sind nicht nach geographischen Gesichtspunkten geordnet, sondern chronologisch aufgeführt, da eine derartige Auflistung unseres Wissens bisher noch nicht versucht wurde und möglicherweise bestimmte Muster offenbart, die Forschern dabei helfen könnten, zu ermitteln, um welche Art von Geschöpf es sich handelt. Eine gute geographische Übersicht hat bereits John Green in seinem Buch *Sasquatch: The Apes Among Us* (etwa: Sasquatch – Menschenaffen unter uns) vorgelegt. Durch die chronologische Auflistung konnten Berichte, in denen kein Jahr angegeben wird, nicht aufgeführt werden. Einige Fälle mit aufschlußreichen Details blieben dadurch zwar unberücksichtigt, lassen sich aber in anderen Büchern nachlesen.

Da das Hauptanliegen dieses Buchs darin besteht, eine Übersicht über die Bigfoot-Sichtungen von 1800 bis heute zu geben und wir weit über tausend Fälle archiviert haben, ist es nicht möglich, auf alle detailliert einzugehen. Es werden deshalb nur die interessantesten ausführlicher beschrieben. Zahllose weitere Sichtungen finden sich in den in der Bibliographie genannten Büchern. Wenngleich wir einige der durch die Sichtungen aufgeworfenen Fragen zum Bigfoot durchaus anschneiden, ist dieses Buch nicht als umfassende

Diskussion darüber gedacht, was oder wer Bigfoot sein könnte oder auch nicht sein könnte. Hinsichtlich dieser Aspekte verweisen wir den interessierten Leser erneut auf die in der Bibliographie genannten Publikationen.

1

Der wilde Mann in den Wäldern: das 19. Jahrhundert

Hunderte US-amerikanischer und kanadischer Staatsbürger, die offenbar geistig völlig normal sind, haben bereits Geschöpfe gesehen, die es in beiden Ländern nicht gibt, ja überhaupt nicht geben kann. Gewöhnlich berichten sie über ein großes und schweres menschenähnliches Wesen mit langen Armen, das vollständig behaart ist und aufrecht auf den Hinterbeinen steht – nach Ansicht der meisten Wissenschaftler eine Unmöglichkeit. Leiden also Hunderte oder sogar Tausende von Nordamerikanern unter einer bestimmten Art von Halluzination (und das seit mehr als 150 Jahren) oder geben landesweit 2,10 bis 2,70 Meter große Menschen dem unwiderstehlichen Verlangen nach, sich Fellkostüme anzuziehen und Leute zu erschrecken? Falls dies der Fall ist, muß es sich um wirkliche Verrückte handeln, die zudem noch auf mysteriöse Weise gegen Gewehrkugeln gefeit sind. Jäger haben zwar häufig auf den Bigfoot, wie dieses Wesen genannt wird, geschossen, die Kugeln schienen jedoch keinerlei Wirkung zu hinterlassen, selbst wenn aus optimaler Entfernung gefeuert wurde.

Wenn man berücksichtigt, daß Berichte aus dem 19. Jahrhundert über »wilde Menschen« unterschiedlich interpretiert werden können, läßt sich feststellen, daß sich das Verhalten des Bigfoot während der 150 Jahre, für die Aufzeichnungen bestehen, nicht wesentlich geändert hat. Dies läßt den Schluß zu, daß dieses Geschöpf, wer oder was immer es auch sein mag, bereits seit langer Zeit existiert. Ist es der erste menschliche Bewohner Nordamerikas, ein Überlebender aus prähistorischer Zeit, dessen Lebensraum vom unersättlichen weißen

Mann zunehmend eingeengt wird? Oder handelt es sich um einen bisher unbekannten Riesenaffen? Beide Theorien haben ihre Anhänger, genau wie die These, daß der Bigfoot lediglich ein Phantom ist, eine Art Geist. Im weiteren Verlauf des Buchs deuten einige Hinweise auf die eine, andere auf eine andere Theorie hin. Das Rätsel um den Bigfoot bleibt ungelöst, und um seine Geschichte ranken sich Widersprüche, Verwirrung und Konflikte.

Unsere Suche nach dem Bigfoot beginnt im Staat New York im Jahr 1818. Der folgende Bericht aus dem *Exeter Watchman* vom 22. September 1818 ist der älteste bis jetzt entdeckte nordamerikanische Zeitungsartikel über eine Bigfoot-Sichtung. Sein Inhalt läßt insofern aufhorchen, als es sich auch um die Schilderung einer Sichtung aus den neunziger Jahren dieses Jahrhunderts handeln könnte:

Sacket's Harbor [N.Y.], 6. Sept.

Ein Wunder

Am 30. des letzten Monats hat ein Mann, dessen Glaubwürdigkeit außer Zweifel steht, in der Nähe von Ellisburgh ein Tier gesehen, das Ähnlichkeit mit dem »wilden Mann der Wälder« aufweist. Nach Angaben des Gentlemans sei das Geschöpf nicht weit von ihm entfernt aus dem Wald aufgetaucht, habe ihn kurz angeschaut und dann die Flucht ergriffen. Dabei habe er es gut beobachten können. Beim Laufen habe es sich vorgebeugt, und es sei behaart gewesen. Der Fuß sei hinten schmal gewesen, habe sich dann aber zu den Zehen hin verbreitert. Obwohl danach Hunderte von Personen die Verfolgung aufgenommen haben, blieb das Wesen spurlos verschwunden.

Da die Geschichte wiederholt und überzeugend vorgetragen wurde, scheint sie der Wahrheit zu entsprechen. Ohne die Aufrichtigkeit des Zeugen in Zweifel ziehen zu wollen, halten wir es aber doch für angebracht, darauf hinzuweisen, daß ein derart unwahrscheinliches Zusammentreffen von mindestens zwei weiteren Augenzeugen bestätigt werden sollte, um es wirklich glaubhaft zu machen.

Zwanzig Jahre später, in den späten dreißiger Jahren des vorigen Jahrhunderts, tauchten Berichte über ein »wildes Kind« auf, das in der Nähe des Fish Lake in Indiana beobachtet wurde. Den Schilderungen nach war es etwa 1,20 Meter groß und wies eine kastanienbraune Behaarung auf. Häufig wurde es in den Sandhügeln in der Nähe des Sees oder beim Schwimmen gesehen. Da es sehr flink war, schlugen alle Versuche fehl, es zu fangen. Es stieß gräßliche Schreie und wimmernde Laute aus. Ebenfalls in den dreißiger Jahren wurden weiter im Osten, in Pennsylvania, mindestens zweimal behaarte Kreaturen von der Größe eines Kindes gesichtet, wie der folgende Bericht beschreibt:

Geheimnisvolles Tier gesichtet –
Kommt es aus dem Reich der Fabel?

Beträchtliches Aufsehen erregte vor etwa einem Jahr ein mysteriöses Tier, das angeblich im südwestlichen Teil von Bridgewater gesehen wurde. Obwohl der betreffende Augenzeuge immer wieder beteuerte, das Wesen auch wirklich gesehen und sich zu Tode erschrocken zu haben, wurde die Geschichte doch eher ins Reich der Fabel verwiesen. Sie schien nicht auf Tatsachen zu beruhen.

Wie uns mitgeteilt wurde, habe das Wesen das Aussehen eines sieben- oder achtjährigen Kindes gehabt, sei aber schlanker und vollständig behaart gewesen. Der Zeuge begegnete dem Geschöpf, als er gerade Beeren pflückte. Es ging aufrecht auf ihn zu und pfiff dabei wie ein Mensch. Nach dem ersten Schrecken versuchte er angeblich, sich dem Wesen zu nähern. Es ergriff aber, weiterhin pfeifend, derart schnell die Flucht, daß er es nicht einzuholen vermochte. Seinen Angaben zufolge rannte es wie der »Teufel«, eine Bezeichnung, die er für das Geschöpf immer wieder verwendete.

Etwa zwei Wochen später wurde dasselbe oder ein ähnliches Tier von einem sechzehnjährigen Jungen im Township Silver Lake gesehen. Die Geschichte wurde uns in Abwesenheit des Jungen zuerst vom Vater erzählt, danach erstattete der Junge selbst Bericht. Er war zum Arbeiten in ein abgelegenes Gebiet in der Nähe der Grenze zu New York geschickt worden und hatte ein Gewehr mitgenommen. Sein Vater hatte ihm eingeschärft, auf alles zu schießen, was ihm verdächtig erschien, außer auf Menschen und Vieh.

Nachdem er eine Weile gearbeitet hatte, hörte er, wie sich ihm jemand freundlich pfeifend näherte, sein kleiner Bruder, wie er annahm. Der Unbekannte kam bis auf wenige Meter heran und blieb dann stehen.

Das Wesen, das er dann sah, besaß nach Aussage des Jungen zwar das Aussehen eines Menschen, wies aber am ganzen Körper eine schwarze Behaarung auf. Es war etwa so groß wie sein siebenjähriger Bruder. Obwohl es dem Jungen einen gehörigen Schrecken eingejagt hatte, griff er sein in der Nähe abgelegtes Gewehr und schoß auf die Kreatur. Er zitterte aber derart, daß er nicht traf.

Gerade, als sein Gewehr losging, sprang das geheimnisvolle Geschöpf hinter einen Baum und lief dann davon, pfeifend, wie es gekommen war. Nach Angaben des Vaters kam der Junge vollkommen verängstigt nach Hause und brach am Nachmittag, als er an das merkwürdige Tier dachte, noch einige Male in Tränen aus.

Abgesehen von ihrer kleinen Statur ähneln diese wilden Jungen auf frappierende Weise den riesigen Bigfoots, die heute gesichtet werden. Waren es vielleicht junge Bigfoots oder eine kleinere Unterart? Der in der ersten Hälfte des vorherigen Jahrhunderts in Arkansas gesichtete »wilde Mensch« war jedenfalls riesig. Mit diesem Wesen, das in den Counties St. Francis, Greene und Poinsett bereits seit mindestens 1834 bekannt war, hatten zwei Jäger im Jahr 1851 eine unheimliche Begegnung. Sie sahen eine Viehherde, die anscheinend verfolgt wurde, und als sie genauer hinschauten, stellten sie fest, »daß es sich bei dem Verfolger um ein Tier handelte, das starke Ähnlichkeit mit einem Menschen hatte. Es war riesig, sein Körper vollständig behaart, und lange Locken fielen vom Kopf bis auf die Schultern. Nachdem dieser »wilde Mensch« einen kurzen Blick auf sie geworfen hatte, drehte er sich um und rannte mit hoher Geschwindigkeit davon. Er machte dabei Sätze von drei bis vier Metern. Seine Fußspuren maßen knapp 36 cm.« Die Erklärung, die man damals für dieses unheimliche Wesen hatte, war so weit hergeholt wie einige der heutigen Theorien: Man hielt es für »einen Überlebenden der Erdbebenkatastrophe von 1811, die die Gegend damals verwüstet hatte«. Gemeinsam ist diesen frühen Berichten, daß das beschriebene Wesen als »wilder Mensch« oder »wilder Junge« bezeichnet wird, womit man andeuten wollte, daß man es für einen Menschen hielt, der im Wald aufgewachsen war und deshalb eine dichte Körperbehaarung entwickelt hatte.

Im selben Jahrzehnt wurden Bigfoots auch von Goldsuchern im Gebiet des Mount Shasta in Kalifornien gesichtet. Nachdem er einen Artikel über den Bigfoot gelesen hatte, erinnerte John Weeks im Jahr 1959 an diese Begebenheit:

> Mein Großvater suchte in der Region, die als die Heimat des Schneemenschen gilt, in den fünfziger Jahren des vorigen Jahrhunderts nach Gold. Als er wieder nach Osten zurückkehrte, erzählte er von haarigen Riesen, die er im Gebiet des Mount Shasta gesehen habe. Diese Monster hätten lange Arme, aber kurze Beine gehabt. Eines von ihnen habe einen sechs Meter langen Abschnitt einer Wasserrinne genommen, ihn gegen einen Baum geschleudert und dabei in tausend Stücke zerschmettert.
>
> Als uns Großvater diese Geschichten erzählte, haben wir ihm kein Wort geglaubt. Aber nachdem ich jetzt Ihren Artikel gelesen habe, stellt sich heraus, daß er wahrscheinlich doch kein so großer Lügner war, wie wir damals in jungen Jahren angenommen hatten.

Die Angewohnheit des Bigfoot, Ausrüstungsgegenstände und Habseligkeiten sämtlicher Weißer zu zerstören, die in sein Territorium eindringen, fast so, als ob er ihre Gegenwart ablehnte und sie verjagen wolle, taucht auch in späteren Berichten immer wieder auf.

In seinem Buch *Wilderness Hunter* (etwa: Jäger in der Wildnis) gibt Theodore Roosevelt in allen Einzelheiten eine Geschichte aus der Mitte des 19. Jahrhunderts über im Wald lebende Riesen wieder, die ihm ein Jäger namens Bauman erzählt hatte. Die beschriebenen Ereignisse zeigen, daß der Bigfoot, sofern er tatsächlich der Übeltäter war, Menschen gegenüber manchmal gewalttätig werden kann. Da aber Bauman niemals klar und deutlich einen Bigfoot sah, werden wir auf den Fall nur kurz eingehen. Bauman und ein befreundeter Trapper befanden sich in den Bergen nahe des Wisdom River an der Grenze von Idaho zu Montana. Während ihrer Abwesenheit hatte jemand einen Anbau ihrer Hütte zerstört und ihre Habseligkeiten untersucht. Fußspuren ließen erkennen, daß es sich bei dem Eindringling um einen Zweibeiner gehandelt hatte. In der folgenden Nacht wachte Bauman auf, bemerkte einen strengen Geruch und sah einen großen, dunklen Schatten, auf den er schoß. Als die Männer am nächsten Abend zurückkehrten, fanden sie ihren Anbau erneut zerstört, so daß sie am nächsten Morgen beschlossen, das Gebiet zu verlassen. Sie begannen, ihre Fallen einzusammeln, und trennten sich dann: Bauman holte die letzten drei Fallen, während sein Kamerad zur Hütte zurückkehrte. Als Bauman einige Stunden später ebenfalls zurückkam, war es merkwürdig ruhig. Sein Freund lag mit gebrochenem Genick tot am Boden, an seinem Hals fanden sich die Eindrücke von vier Fangzähnen. Aus den Fußabdrücken der unbekannten Kreatur, die sich tief in der weichen Erde abzeichneten, ließ sich deutlich ablesen, wie sich das Drama abgespielt hatte.

Wenn man der folgenden Geschichte Glauben schenken darf, wurde in der zweiten Hälfte des letzten Jahrhunderts in Arkansas ein Wesen, dessen Beschreibung stark mit derjenigen heute gesichteter Bigfoots übereinstimmt, sogar eingefangen. In den Archiven findet sich kein einziger offiziell bestätigter und anerkannter Fang eines Bigfoot, wenngleich uns sechs Fälle (alle vor 1920) bekannt sind, in denen Bigfoot-artige Wesen verschiedener Größe angeblich gefangen wurden. Falls an diesen Fällen wirklich etwas Wahres ist, erscheint es merkwürdig, daß es angesichts des immensen Interesses, das dem Bigfoot heutzutage entgegengebracht wird, und der großen Anzahl von Jägern, die sein Territorium in der Hoffnung durchstreifen, als erste einen Bigfoot tot oder lebendig zu erwischen, gerade heute anscheinend nicht mehr möglich ist, einen Bigfoot zu fangen. Seine offensichtliche Fähigkeit, seinen Häschern zu entwischen, weist entweder darauf hin, daß die alten Geschichten über angebliche Fänge falsch sind, oder daß das, was gefangen wurde, nicht der Bigfoot war, den wir heute kennen. Vielleicht ist der Bigfoot Menschen gegenüber aber auch einfach nur vorsichtiger und scheuer geworden. Dieser Annahme widersprechen jedoch die vielen Beispiele, in denen ein Bigfoot neugierig in ein Waldlager spaziert. Er könnte theoretisch mit der entsprechenden Ausrüstung und dem notwendigen Wissen durchaus gefangen werden. In solchen Fällen scheint der Bigfoot zu spüren, daß er von den Menschen nichts zu befürchten hat. Trotzdem bleibt folgende Frage offen: Weshalb können ihm Gewehrkugeln anscheinend nichts anhaben? Diese Frage stellt sich im Laufe dieses Buchs immer wieder, da in vielen von uns aufgeführten Fällen zwar auf ihn geschossen wird, er aber offensichtlich unverletzt bleibt. Kehren wir aber zum Thema Einfangen zurück. Otto Ernest Rayburn schildert in seinem 1941 erschienenen Buch *Ozark Country* den Fang eines Bigfoot im letzten Jahrhundert. Rayburn erzählt von einem »Riesen aus den Bergen«, der häufig in den Ouachita Mountains in Arkansas gesichtet wurde. Der etwa 2,10 Meter große »wilde Mensch« war am ganzen Körper dicht behaart und lebte in Höhlen am Saline River. Obwohl er anscheinend nie jemandem ein Leid zugefügt hatte, fürchtete sich jeder vor ihm. Schließlich entschloß man sich, ihn einzufangen, und hatte, wenn man dem Bericht Rayburns Glauben schenken darf, tatsächlich Erfolg. Man fing ihn in seiner Höhle mit dem Lasso ein und brachte ihn ins Gefängnis von Benton. Dort wurden ihm

Kleider angezogen, die er jedoch vor seiner Flucht aus dem kleinen Holzgebäude zerriß. Danach wurde er erneut eingefangen, aber an dieser Stelle endet die Erzählung plötzlich.

Etwa zur selben Zeit, in den späten sechziger Jahren des letzten Jahrhunderts, jedoch weiter nordwestlich, in Kansas, sahen viele Bewohner des Arcadia Valley im County Crawford einen »wilden Menschen, Gorilla, oder was auch immer«. Die nun folgende Beschreibung ließe sich ohne weiteres auch für viele der heutigen Sichtungen verwenden. Man darf nicht vergessen, daß dieser Bericht aus dem Jahr 1869 stammt, aus einer Zeit also, in der der »Bigfoot« noch unbekannt war. Es ist also unwahrscheinlich, daß Mr. Trimbles Beschreibung von anderen Sichtungsberichten beeinflußt ist.

> ... Einige Male näherte er sich den Blockhütten der Siedler, sehr zum Schrecken der Frauen und Kinder. Sie fürchteten sich besonders dann, wenn die Männer zum Arbeiten auf den Feldern waren. Einmal kam er zum Haus eines unserer älteren Mitbürger, wurde aber von einem der Männer mit einem Knüppel verjagt.
>
> Er ähnelt so sehr einem Menschen, daß die Männer nicht auf ihn schießen wollen. Dieses Tier oder dieser wilde Mensch läßt sich nur schwer beschreiben. Er hat einen gebeugten Gang, sehr lange Arme mit riesigen Händen oder Klauen und ein behaartes Gesicht. Menschen, die ihm direkt begegnet sind, sprechen außerdem von einem furchterregenden Gesichtsausdruck. Normalerweise geht er auf den Hinterbeinen, manchmal aber auch auf allen vieren. Das Tier, oder was immer es auch sein mag, ist genauso feige wie häßlich, und es ist fast unmöglich, nahe genug heranzukommen, um es genauer unter die Lupe zu nehmen.

Die Siedler, die nicht wissen, wie sie dieses Wesen nennen sollen, haben es »Old Sheff« getauft. Seit seinem Erscheinen wurden oft die Zäune umgerissen, so daß das Vieh in unsere Getreidefelder gelangen konnte. Old Sheff scheint nur das zu machen, was er will. Es ist anscheinend leichter für ihn, den Zaun einfach niederzureißen als über ihn hinwegzuklettern. Bei den Siedlern hat er sich damit natürlich nicht gerade beliebt gemacht. Sie sind geteilter Meinung, ob es sich um einen Menschen handelt oder nicht. Wahrscheinlich wird sich das Wesen letztlich als Gorilla oder großer Orang-Utan herausstellen, der aus einer Tierschau im Osten entwichen ist.

Einmal machten sich über sechzig Mann auf die Jagd nach ihm, aber er konnte entkommen und tauchte danach einige Tage nicht mehr auf, wahrscheinlich hatte er Angst bekommen. Aber gerade, als die Siedler meinten, diesen ungebetenen Gast endgültig loszusein, tauchte er doch wieder auf und war genauso wild wie zuvor.

Falls dieser Bericht in die Hände eines Schaustellers gelangt, der eines seiner Tiere vermißt, weiß er, wo er es finden kann. Im Moment versetzt es jedenfalls sämtliche Frauen und Kinder in diesem Tal in Angst und Schrecken. Es kann nicht eingefangen werden, und niemand möchte auf es schießen.

Während sich die Bewohner von Arcadia Valley mit »Old Sheff« auseinandersetzen mußten, hatte ein Jäger in Kalifornien eine Begegnung mit einem Bigfoot, der ein sehr ungewöhnliches, kaum jemals beobachtetes Verhalten zeigte. Der Jäger aus Grayson in Kalifornien schrieb einen langen Brief an den *Antioch Ledger*, aus dem wir jetzt Teile zitieren:

... Letzten Herbst [i.e.1869] jagte ich in den Bergen etwa 30 Kilometer südlich von hier [i.e. in der Nähe des Orestimba Creek] und schlug für fünf oder sechs Tage an einem bestimmten Ort mein Lager auf, so wie ich es während der Jagdsaison in den letzten fünfzehn Jahren immer getan hatte. Als ich nach dem Jagen zurückkehrte, bemerkte ich mehrmals, daß während meiner Abwesenheit die Asche und die verkohlten Holzstücke der Feuerstelle verstreut worden waren. Einem alten Jäger wie mir fallen solche Dinge sofort auf, und er will ihnen auf den Grund gehen. Wenngleich Decken, Fallen und die von mir angelegten kleinen Vorratslager unversehrt waren, interessierte mich doch brennend, wer der unbekannte Besucher war; schließlich konnten sich die Asche und die halbverbrannten Zweige nicht selbst in der Gegend verteilen.

Fußspuren waren auf dem harten, mit Blättern bedeckten Untergrund in unmittelbarer Nähe der Hütte nicht zurückgeblieben. Ich suchte deshalb einen größeren Kreis um mein Lager ab und fand etwa 300 Meter entfernt im feuchten Sand tatsächlich die Fußspur eines Menschen. So vermutete ich jedenfalls, denn der Abdruck war riesig und glich einem nackten Fuß. Neugierig geworden, beschloß ich, mich auf die Lauer zu legen, um den barfüßigen Besucher näher in Augenschein zu nehmen. So verbarg ich mich etwa 20 Meter vom Feuer entfernt im Unterholz, wartete und beobachtete die Umgebung. Mehr als zwei Stunden saß ich dort und fragte mich, ob der Besucher noch einmal auftauchen würde, ob er sich überhaupt würde vorstellen können, welches Jagdfieber er in mir ausgelöst hatte, und was in aller Welt ihn dazu bewogen hatte, hier ohne Schuhe durch die Gegend zu schleichen.

Das Feuer lag zu meiner Rechten, und die Stelle, an der ich die Spur entdeckt hatte, befand sich links von mir, versteckt hinter Büschen. Meine Aufmerksamkeit war besonders hierher gerichtet, da ich annahm, daß der Besucher aus dieser Richtung kommen würde. Außerdem ließ es sich, wenn man auf diese Seite schaute, leichter sitzen. Plötzlich hörte ich einen gellenden Pfiff, wie ihn Jungen häufig auf zwei Fingern produzieren, und drehte mich schnell um. »Großer Gott!« entfuhr es mir, denn mein mysteriöser Besucher war endlich erschienen. Er stand aufrecht neben dem Feuer und schaute sich argwöhnisch um. Er hatte zwar die Umrisse eines Menschen, trotzdem konnte es sich unmöglich um ein menschliches Wesen handeln.

Selten hatte mich etwas in so fassungsloses Erstaunen versetzt. Das Wesen, was immer es gewesen sein mag, war volle 1,50 Meter groß, besaß unverhältnismäßig breite Schultern und hatte überaus lange Arme. Die Beine waren sehr kurz, der Körper dagegen war lang. Der Kopf war im Vergleich zum restlichen Körper klein und schien direkt auf den Schultern zu sitzen. Die Kreatur war vollständig mit dunkelbraunen und zimtfarbenen Haaren bedeckt, die an einigen Stellen ziemlich lang waren. Auf dem Kopf bildeten sie einen Schopf und wuchsen fast bis zu den Augen hinunter, wie bei einem Schoschonen.

Während ich schaute, warf er seinen Kopf zurück und stieß einen weiteren Pfiff aus. Danach hielt er inne und nahm einen Stock aus dem Feuer. Er schwang ihn umher, bis das Feuer an seinem Ende erlosch. Danach wiederholte er das Ganze.

Ich war wie erstarrt und konnte nur zuschauen. Eine Viertelstunde saß ich so und beobachtete ihn, wie er pfiff und das Holz und die Asche verstreute. Ich hätte ihm leicht eine Kugel in den Kopf jagen können, aber weshalb sollte ich ihn töten? Nachdem er sich mit meinem Feuer genug amüsiert hatte, machte er sich wieder auf den Weg, kehrte dann aber noch einmal zurück. Ein weiteres Geschöpf, zweifelsfrei eine Frau oder ein Weibchen, gesellte sich zu ihm. Beide drehten sich um, gingen in etwa 20 Meter Entfernung an mir vorbei und verschwanden im Unterholz.

Ich hatte sie optimal beobachten können, denn sie hatten meine Gegenwart nicht bemerkt. Der einzige Grund ihres Besuchs schien zu sein, mit den lodernden Zweigen zu spielen. Die Geschichte habe ich seitdem viele Male erzählt und häufig nur ungläubiges Lächeln geerntet. Einer der Zuhörer hatte die geheimnisvollen Wesen jedoch ebenfalls gesehen, und mehrere andere waren zwischen hier und dem Pacheco Pass auf ihre Spuren gestoßen.

Ein anderer »wilder Mann«, der in den sechziger Jahren des letzten Jahrhunderts im Norden Nevadas gesehen und verfolgt wurde, zeigte ebenfalls ein auffälliges Verhalten: Er hatte einen Knüppel bei sich. In unserem Archiv finden sich nur drei weitere derartige Beispiele, alles relativ frühe Sichtungen: Dover, New Jersey (1894), Chesterfield, Idaho (1902) sowie ein Bericht von der kanadischen Labrador-Halbinsel, etwa aus dem Jahr 1913. In allen diesen Fällen trug das Geschöpf einen Stock oder Knüppel bei sich. Ein solches Verhalten läßt zwar eher auf menschliche Intelligenz als auf bloßen tierischen Instinkt schließen, auffallend ist allerdings die geringe Anzahl derartiger Berichte. Große Aufregung löste der »wilde Mann« aus Nevada aus:

... Eine große, gut ausgerüstete und bewaffnete Jagdgesellschaft hatte die Verfolgung des Wesens aufgenommen, und in einer Nacht war es klar und deutlich zu sehen. Man vermutete, es mit einem Weißen zu tun zu haben, dem aber nun ein dichter Pelz aus feinen, langen Haaren gewachsen war. In der rechten Hand trug er einen Knüppel, in der linken ein Kaninchen. Als der Mond herauskam und er die Gesellschaft bemerkte, raste er am Lager vorbei, brüllte dabei wie ein Löwe, schwang seinen riesigen Knüppel und attackierte wie wahnsinnig die Pferde.

Die scharfen Bluthunde, die die Gesellschaft mit sich führte, weigerten sich, das Wesen zu verfolgen und anzugreifen. Hastig wurde deshalb ein Schutzwall aus Baumstämmen errichtet. Aber anstatt anzugreifen, begnügte sich das Geschöpf damit, schreckliche Schreie auszustoßen. Am nächsten Morgen war es verschwunden. Aus den Fußspuren ließ sich jedoch erkennen, daß es riesig gewesen sein muß. Mehr ist nicht bekannt. Die Jagdgesellschaft hätte gleich beim ersten Anblick auf das Wesen schießen können, dies geschah jedoch nicht.

Man beachte, daß die »scharfen Bluthunde« nicht dazu zu bringen waren, die Verfolgung aufzunehmen. Diese Reaktion von Tieren, speziell von Hunden, gegenüber dem Bigfoot ist nicht ungewöhnlich und wird im weiteren Verlauf noch in einigen anderen Fällen zu beobachten sein. Es gibt aber auch Berichte, in denen Hunde einen Bigfoot angegriffen haben, nur um dann wüst beiseite geschleudert oder sogar in Stücke gerissen zu werden.

Wenn schon mit Feuer spielende und knüppelschwingende Bigfoots kaum glaubhaft erscheinen, was ist dann erst von den, zugegebenermaßen sehr seltenen, Berichten zu halten, in denen Menschen von Bigfoots entführt und in ihr Lager geschleppt werden? Auf den klassischen Entführungsfall des Albert Ostman aus dem Jahr 1924 werden wir in Kapitel 3 noch näher eingehen, aber bereits fünfzig Jahre früher hatte eine Indianerin behauptet, sie sei von einem Bigfoot entführt worden und habe ein Jahr lang mit ihm leben müssen. Zum Zeitpunkt ihrer Entführung war sie 17 Jahre alt und lebte in British Columbia. Der Bigfoot zwang sie, den Harrison River zu durchschwimmen, und trug sie dann zu einem Felsunterschlupf, wo er mit seinen Eltern lebte. Er hielt sie ein Jahr lang gefangen, brachte sie dann aber wieder nach Hause, weil sie ihm ihren Angaben zufolge zu lästig wurde. Ihre Erlebnisse wurden von einigen Berichterstattern übertrieben. Sie selbst erzählte einem Bigfoot-Forscher, der sie gut kannte, daß sie von dem Bigfoot freundlich behandelt worden sei.

Im Februar 1876 wurde in der Nähe von Warner's Ranch in Kalifornien ein Bigfoot gesichtet, der den Schilderungen zufolge »ziemlich feine Gesichtszüge« besaß. Diese Beschreibung irritiert etwas, da sein Gesicht normalerweise mit dem eines Affen verglichen wird. Ansonsten handelt es sich jedoch um die typische Darstellung eines Bigfoot:

> Vor etwa zehn Tagen waren Mr. Turner Helm und ich in den ungefähr 15 Kilometer östlich von Warner's Ranch liegenden Bergen unterwegs, um einen Quarzgang zu erkunden, der einige Zeit zuvor entdeckt worden war. Durch den starken Wind wurde der Abstand zwischen uns beiden immer größer, bis wir schließlich knapp einen Kilometer voneinander entfernt waren. Plötzlich hörte Helm, der beim Gehen auf den Boden schaute, einen Pfiff.

Als er aufschaute, sah er »etwas« auf einem Felsblock sitzen, etwa 15 bis 20 Schritte entfernt. In der Annahme, es handele sich um ein Tier, legte er sofort mit dem Gewehr auf das Geschöpf an. Als es aufstand, erkannte mein Gefährte jedoch, daß er einen Menschen vor sich haben mußte, der aber vollständig behaart war. Die rauhen schwarzen Haare waren zwei bis drei Zentimeter lang und glichen dem Fell eines Bären. Der Bart und die Kopfhaare dieses Menschen waren lang und dicht. Er war von mittlerer Größe und besaß ziemlich feine Gesichtszüge, nicht die eines Indianers, sondern eher die eines weißen Amerikaners oder Spaniers.

Nachdem sie sich einige Augenblicke einfach nur angeschaut hatten, sprach Helm das geheimnisvolle Wesen an, zuerst auf englisch, dann auf spanisch und schließlich in der Sprache der Indianer. Er erhielt keine Antwort. Dann ging die Kreatur auf Helm zu, und da sich dieser über ihre Absichten nicht im klaren war, richtete er erneut das Gewehr auf sie, um sie auf Distanz zu halten. Das menschenähnliche Wesen hielt sofort inne, als ob es wußte, daß Gefahr drohte.

Helm rief mir etwas zu, der Wind blies jedoch so stark, daß ich ihn nicht hören konnte. Schließlich drehte sich das Geschöpf um und verschwand über einen Hügel. Als Helm mich endlich erreichte, war von dem wilden Menschen weit und breit nichts mehr zu sehen. Die Spuren der Kreatur hatten wir in diesem Teil der Berge bereits häufiger gefunden, sie aber immer für die eines Indianers gehalten. Ich selbst habe den geheimnisvollen Bergbewohner zwar nicht mit eigenen Augen gesehen, aber Mr. Helm ist als absolut glaubwürdiger Mann bekannt. Ich habe deshalb nicht den geringsten Zweifel, daß sein Bericht der Wahrheit entspricht.

Schon von jeher erzählte man sich, daß in den Green Mountains von Vermont ein »geheimnisvolles Tier« umgeht, »das einem Menschen ähnlich sieht«. Die alten Geschichten erhielten im Oktober 1879 neue Nahrung, als zwei junge Männer, die sich in den Bergen südlich von Williamstown auf der Jagd befanden, einen »wilden Menschen« sahen. Sie beschrieben ihn als etwa 1,50 Meter groß, in Aussehen und Bewegungsablauf einem Menschen ähnlich, aber vollständig mit leuchtend rotem Haar bedeckt. Außerdem seien ihnen der lange, zottige Bart und die wild dreinblickenden Augen aufgefallen. Sie bemerkten die Kreatur, als sie hinter einer felsigen Klippe hervorsprang und auf den nahe gelegenen Wald zurannte. Da sie sie aber irrtümlich für einen Bären oder ein anderes Wildtier hielten, schossen sie auf das Wesen und verwundeten es offenbar auch, den laut brüllend vor Schmerz und Wut drehte es sich um und rannte auf seine Angreifer zu, die so schnell wie möglich die Flucht ergreifen mußten. Dabei verloren sie Gewehre und Munition, die sie anschließend nicht mehr zu holen wagten, aus Angst, dem mysteriösen Geschöpf noch einmal in die Arme zu laufen.

Wahrscheinlich wird Ihnen beim Lesen bereits aufgefallen sein, daß die Bigfoot-Sichtungen aus dem letzten Jahrhundert zum großen Teil auf Jäger und Prospektoren zurückgehen, auf Menschen also, die aus geschäftlichen und beruflichen Gründen in einsame und selten besuchte Regionen vordrangen. Heute gibt es derartige Fälle zwar auch noch, aber die allmähliche Besiedlung dieser Gebiete hat dazu geführt, daß der Bigfoot mehr und mehr von gewöhnlichen Bürgern quasi im eigenen Garten gesichtet wird. Im weiteren Verlauf des Buches wird sich sich diese Tendenz immer deutlicher zeigen.

In den achtziger Jahren des letzten Jahrhunderts wurde in British Columbia angeblich ein junger Bigfoot eingefangen. Die Geschichte von »Jacko« wird von einer Reihe von Forschern mittlerweile für einen Schwindel gehalten. Dieser Verdacht konnte allerdings bis jetzt noch nicht bewiesen werden. Berichten zufolge hatte im Juni oder Juli 1884 ein Eisenbahnarbeiter etwa 30 Kilometer von Yale in der Nähe der Gleise ein unbekanntes Wesen eingefangen. Es soll knapp 1,45 Meter groß, etwa 57 Kilogramm schwer und vollständig mit langen schwarzen Haaren bedeckt gewesen sein. Der Wärter soll das Geschöpf mit Beeren und Milch gefüttert haben. Angeblich sei geplant gewesen, es nach London zu transportieren und dort auszustellen. Weshalb jedoch London? Weshalb nicht New York oder eine andere, noch näher gelegene Großstadt? Danach hörte man jedenfalls nichts mehr von Jacko. Man vermutete, er sei auf der Reise gestorben.

Ein Jahr nach dem angeblichen Fang von Jacko sichteten Jäger im Kaskadengebirge in der Nähe von Lebanon in Oregon einen Bigfoot, der gerade ein Stück Wild verzehrte. Den Zeitungsartikel über diese Sichtung geben wir vollständig wieder, da er sehr deutlich die zur damaligen Zeit vorherrschende Tendenz widerspiegelt, den Bigfoot als einen ehemals normalen Menschen anzusehen, der verwildert war. Für Journalisten und Reporter schien dies die einzig logische Erklärung für ein ansonsten unlösbar erscheinendes Geheimnis zu sein. Unglücklicherweise ist sie jedoch auch nicht akzeptabler als all die anderen Theorien, die in den letzten hundert Jahren aufgestellt wurden, um die rätselhaften Bigfoot-Sichtungen zu erklären.

Der wilde Mann in den Bergen

Viel Aufsehen erregte vor kurzem in der Umgebung von Lebanon, Oregon, die Entdeckung eines wilden Menschen in den Bergen über der Stadt. Bei ihm soll es sich um den seit langem verschwundenen John Mackentire handeln. Der aus Lebanon stammende Mackentire verschwand vor vier Jahren in den Bergen östlich von Albany auf mysteriöse Weise auf einem Jagdausflug, den er zusammen mit einem Gefährten unternommen hatte. Seitdem fehlte von ihm jede Spur. Vor einigen Tagen jedoch sahen mehrere Personen, die sich in der menschenleeren Umgebung des Bald Peter, eines Berges in den Cascade Mountains, auf der Jagd befanden, einen Mann, der Ähnlichkeit mit dem lange verschwundenen Mackentire aufwies. Allerdings trug er keine Kleidung mehr, war behaart wie ein Tier und zudem vollkommen verwildert.

Als man auf ihn stieß, verzehrte er gerade ein rohes Stück Wild, so daß sich die Gruppe ihm bis auf wenige Meter nähern konnte. Sobald er sie jedoch bemerkte, ergriff er die Flucht. Derselbe Mann war in der gleichen Gegend bereits vor zwei Jahren gesehen worden. Viele glauben, daß der unglückliche Mackentire in der Wildnis wahnsinnig geworden ist und in den Bergen irgendwie Mittel und Wege gefunden hat, um zu überleben. So könnte er z. B. Unterschlupf in einer Höhle gefunden haben. Eine Gruppe von Männern wurde zusammengestellt, um ihn zu suchen.

Daß sie ihn jemals gefunden und wieder einen zivilisierten Menschen aus ihm gemacht haben, ist stark zu bezweifeln. Der Gedanke, daß man einen haarigen Bigfoot von Kopf bis Fuß rasiert und ihn davon zu überzeugen versucht, daß er in Wirklichkeit John Mackentire heißt, ist schon phantastisch.

Unsere nächste Geschichte stammt aus Michigan und ist gleichzeitig eine Warnung an alle Möchtegern-Bigfootjäger, die Kreatur nicht mit Hunden anzugreifen. Der kurze Zeitungsbericht datiert den Vorfall auf Oktober 1891.

George W. Frost und W. W. Vivian, beides angesehene Bürger, haben angegeben, in der Nähe des Tittabawassee River im County Gladwin einen wilden Mann gesehen zu haben. Er sei nackt, behaart und von riesiger Größe gewesen, ihren Angaben zufolge mindestens 2,10 Meter. Seine Arme hätten bis zu den Knien gereicht, und seine Hände seien doppelt so groß gewesen wie die eines Menschen. Vivian hetzte seine Bulldogge auf das Wesen, das den Hund jedoch mit einem mächtigen Schlag seiner gigantischen Hand tötete. Seine Sprünge maßen nicht weniger als sechs bis sieben Meter.

Im Jahr 1894 wurde ein »wilder Mann« in New Jersey gesichtet. Obwohl er nicht behaart gewesen zu sein scheint, gleicht sein im folgenden Zeitungsartikel beschriebenes Verhalten durchaus den Verhaltensmustern, die in späteren Berichten auch behaarte Bigfoots zeigen.

Dover, New Jersey, 8. Jan. 1894. – In den Wäldern nahe Mine Hill treibt ein wilder Mann sein Unwesen, und während die Jäger, die ihm bereits seit einigen Tagen nachstellen, die Kälte trotz ihrer schweren Mäntel stärker zu spüren bekommen haben, als ihnen lieb ist, scheint der Gegenstand ihrer Suche mit dem Frost bestens zurechtzukommen, obwohl er der grimmigen Winterkälte nichts weiter entgegenzusetzen hat als ein enormes Paar Backenbärte.

Wenngleich die Angelegenheit in der Region für beträchtliches Aufsehen gesorgt hat, wird die tatsächliche Existenz des wilden Mannes von nicht wenigen bezweifelt. Daß es ihn aber wirklich gibt und daß sein Zustand eigentlich den schnellen Kältetod zur Folge haben müßte, wird von drei Mädchen namens Bertha Hestig, Lizzie Guscott und Katie Griffin verlegen bestätigt.

Als sie den wilden Mann am Samstagnachmittag für einen kurzen Augenblick sahen, schrien sie so lang und anhaltend auf, daß die Arbeit in der Spinnerei und fast in der gesamten Stadt zum Stillstand kam. Nicht so der wilde Mann. Er stieß als Antwort ebenfalls einen Schreckensschrei aus und verschwand in den Wäldern.

»Er hatte keine Schuhe nicht an«, sagte Bertha in ihrer naiven Art, als sie die Geschichte heute erzählte, »und ein bißchen Seife hätte ihm auch nicht geschadet.«

Daß der wilde Mensch tatsächlich existiert, bezeugen jedoch nicht nur die drei Mädchen. Noch viele andere behaupten, ihn ebenfalls gesehen zu haben, geben aber unterschiedliche Beschreibungen ab. ›Mike‹ und ›Bill‹ Deans Geschichte ist dagegen schlüssig und glaubhaft. Die beiden Holzfäller sind die ersten, die den wilden Menschen gesehen haben.

Als sie letzten Freitag in der Nähe der Indian-Falls-Lichtung, eines der einsamsten Winkel des Berges, Holz schlugen, begannen ihre Hunde am Fuß eines großen Felsens plötzlich wie wild zu bellen.

»Da ist ein Bär oder irgendein anderes Biest!«, rief ›Bill‹, griff seine Axt fester und rannte zu den Hunden hinüber. ›Mike‹ folgte ihm auf dem Fuß. Als sie die Stelle erreicht hatten, sprang eine wild aussehende Gestalt hinter dem Felsen hervor. ›Mike‹ Dean, der sich in unmittelbarer Nähe befand, machte einen Satz zurück, so als ob es sich tatsächlich um einem Bären handeln würde. Der Fremde war etwa mittleren Alters, fast 1,80 Meter groß und wog etwa 80 Kilogramm. Sein Gesicht wurde fast gänzlich von einem dunklen, ungekämmten Bart verhüllt. Er starrte die Holzfäller einen Moment lang feindselig an, sprang dann auf die Felsen und begann, vor sich hin zu sprechen.

Als die beiden Männer näher kamen, sauste er wieder von den Felsen herunter und begann, die Lichtung auf und ab zu rennen. Dabei stieß er von Zeit zu Zeit wilde Schreie aus. Mit seinen Armen machte er die ganze Zeit über rudernde Bewegungen. Als die Deans versuchten, ihn zu fangen, griff er sich einen Ast und schwang ihn über dem Kopf. Einer der Hunde sprang ihn an, erhielt jedoch einen Schlag, der ihn beinahe tötete.

Danach ergriffen die Holzfäller die Flucht und riefen vom Geschäft aus in der Stadt an, um Hilfe zu holen. Nach ihrem Anruf wurde sofort ein Suchtrupp zusammengestellt, der sich unter Leitung von City Marshal James Hagen sowie des Polizisten Tredenick zu der betreffenden Stelle aufmachte. Die Kreatur war jedoch im dichten Unterholz verschwunden. Allerdings fand man einen Abdruck seines nackten Fußes.

Die Gruppe trennte sich und setzte die Suche bis spät in die Nacht fort. Auch danach brachen jeden Tag Suchtrupps auf. Am Samstag durchstreiften 50 Männer jeden Winkel der Berge, jedoch ohne Erfolg. Auch am Sonntag wurden die Wälder von zahllosen Gruppen den ganzen Tag lang durchsucht.

Am Sonntagabend tauchte der wilde Mann dann bei den Russels auf, knapp einen Kilometer von der Stelle entfernt, an der am Freitag die erste Begegnung stattfand. Er versuchte zuerst, in das Haus zu gelangen, als dies jedoch mißlang, suchte er das Grundstück ab, wahrscheinlich nach etwas Eßbarem. Die Familie hatte große Angst. Der furchterregende Gast verschwand schließlich auf genauso mysteriöse Weise, wie er gekommen war.

William Mullen kam am Sonntagmorgen gerade von einem Spaziergang zurück, als der wilde Mann plötzlich vor ihm auf der Straße auftauchte. Beide hielten inne und starrten einander an. Dann stieß die unheimliche Gestalt einen Schrei aus und rannte in den Wald, in Richtung der Dickerson-Mine.

Ein Mitglied des Suchtrupps, der die Berge am Samstag durchkämmt hatte, berichtete, daß man auf zahllose Fußspuren gestoßen sei; zudem habe man einen jungen Baum mit Fraßspuren gefunden, die anscheinend von einem Menschen stammten. Am Samstagnachmittag schließlich wurde die Kreatur von den drei Mädchen gesehen, die in der Dover Silk Mill am Fuß der Dover Mountains arbeiten. Sie standen an ihren Webstühlen und schauten aus dem Fenster.

Da teilten sich plötzlich die Büsche, und im nächsten Moment tauchte die Gestalt vor ihnen auf. Alarmiert durch ihre Schreie rannten auch die anderen Arbeiter an die Fenster. Nach Angaben der Mädchen wies der Körper des Mannes zahllose Schrammen und Kratzer auf.

Der Suchtrupp, der mittlerweile bereits einige Male unterwegs gewesen ist, wird morgen früh von hier aus unter Führung von Marshal James Hagen zu einer noch intensiveren Suche aufbrechen. Selbst beim Irrenhaus von Morris Plains erkundigte man sich, ob einer der Insassen ausgebrochen sei. Dort wurde jedoch niemand vermißt.

Der »wilde Mann« von Dover wurde also im Januar 1894 ohne Erfolg gejagt. Nur vier Monate später, im Mai 1894, wurde ein klassischer Bigfoot-Bericht aus dem ländlichen Kentucky gemeldet. Monatelang waren in der Umgebung von Deep Creek Küken, Eier, Ferkel, Lämmer und anderes Eßbare gestohlen worden. Dann wurde zum erstenmal ein menschenähnliches Wesen gesehen, nach Angaben des Zeugen Joseph Ewalt »mit langen, weißen Kopf- und Gesichtshaaren, die so grob waren wie die Mähne eines Pferdes«. Auch seine Beine seien vollständig behaart gewesen, und als einziges Kleidungsstück habe es um den Unterleib ein Stück Schaffell getragen, das bis zu den Knien gereicht habe. Augen und Mund hätten geglimmt wie Feuer.

Man entschloß sich, die Kreatur zu fangen, und hielt dementsprechend die Augen offen. Eines Morgens sahen Eph Boston und seine Söhne, wie das Wesen in ihre Scheune rannte. Sie beschrieben es als knapp zwei Meter groß, mit klauenartigen Füßen. Die Hände erinnerten an die Pfoten einer Katze. Kurze Zeit später kam es mit drei Küken aus der Scheune gerannt. Tom Boston schoß zwar auf den ungebetenen Gast, dieser konnte jedoch entkommen und flüchtete in eine Höhle. Als die Männer und ihre Nachbarn später den Höhleneingang untersuchten, fanden sie Knochen, Federn usw., ein klarer Beweis dafür, daß die Höhle bewohnt war. Sie hatten dementsprechend Angst, sie zu betreten. Als sie es dann doch wagten und ein kurzes Stück hineingingen, wurden sie von einem »unheimlichen Schrei« dermaßen erschreckt, daß sie sich schnell zurückzogen. Alle Bemühungen, das Wesen zu fangen, schlugen fehl. Selbst der Versuch, es in seiner Höhle auszuräuchern, blieb ohne Erfolg.

Zeitgenössische Darstellung des »wilden Mannes« von Kentucky.

Bei einer Sichtung im Jahr 1897 in der Nähe von Sailor, Indiana, wurde auf den Bigfoot geschossen, und er schien auch verwundet worden zu sein. Aber wie immer fehlte danach jede Spur von ihm. Die Begegnung fand Ende April statt, als zwei Farmer ein behaartes

»Tier« von der Größe eines Menschen beobachteten, das auf den Hinterbeinen lief. Als es sie kommen sah, flüchtete es aufrecht ins dichte Unterholz, um sich dort auf die Hände fallen zu lassen und mit kaninchenartigen Sprüngen zu verschwinden. Schilderungen über Bigfoots, die sich zur Fortbewegung auf alle vier Gliedmaßen niederlassen, tauchen zwar auch in späteren Beschreibungen auf, sind aber insgesamt nur sehr selten.

Dieser »wilde Mann« lief im August 1895 in Connecticut auf den Beerenpflücker Riley W. Smith zu und schrie ihn an.

Ebenfalls Ende April 1897 wurde ein weiterer »wilder Mann« in den Wäldern in der Nähe von Stout in Ohio gesehen. Nachdem er einen Jungen angegriffen hatte, machten sich dreißig bewaffnete Männer auf die Jagd nach ihm, jedoch offenbar ohne Erfolg, denn es liegt kein Bericht über einen Fang vor. Nach Angaben eines Zeugen sei er sehr groß und fast nackt gewesen und habe laufen können wie ein Hirsch. Ein anderer Zeuge sagte aus, er habe zerlumpte Hosen getragen. Wenngleich diese letzte Aussage darauf schließen läßt, daß es sich tatsächlich eher um einen »wilden Menschen« als um einen echten Bigfoot gehandelt hat, so liegen uns doch Einzelheiten von sechs anderen Sichtungen vor, bei denen ein augenscheinlicher Bigfoot ebenfalls Kleidungsstücke trug. Abgesehen von der Sichtung von Deep Creek aus dem Jahr 1894 stammen alle diese Schilderungen aus relativ neuer Zeit. In den entsprechenden Kapiteln werden wir noch genauer auf sie eingehen. Die angeblichen Kleidungsstücke sind ein weiteres Rätsel, mit dem sich die Bigfoot-Forschung auseinandersetzen muß.

Am 26. Mai 1897 wurde in Ohio in der Nähe von Rome ein weiterer »wilder Mann« gesehen, der als gorillaähnlich beschrieben wurde und bei dem es sich möglicherweise um das gleiche Wesen handelte, das im Monat zuvor bei Stout gesichtet wurde. Zwei Männer, die gerade Holz schlugen, berichteten über ein etwa 1,80 Meter großes Wesen mit langen lockigen Haaren, das von ihnen bis in ein felsiges Gebiet in der Nähe des Ohio River verfolgt wurde. Dort verloren sie dann seine Spur.

Unser letzter Bericht aus dem vergangenen Jahrhundert zeigt den Bigfoot in einem besseren Licht als gewöhnlich und läßt darauf schließen, daß er auch eine liebenswürdige und menschenfreundliche Seite haben könnte. Die Schilderung stammt von einem Indianer, der in einer Berghütte in der Nähe von Tulelake in Kalifornien lebte. An einem Sommerabend im Jahr 1897 bemerkte er vor sich auf dem Pfad etwas, das er zuerst für einen großen Busch hielt. Als er jedoch einen strengen Moschusgeruch wahrnahm, wurde ihm klar, daß es ein Lebewesen mit dichten, rauhen Haaren war. Einen Augenblick erkannte er sogar, daß es braune Augen hatte. Es gab einen Laut von sich und machte eine Bewegung. Als Geste der Freundschaft legte der Indianer daraufhin die Fische, die er bei sich trug, vor sich auf den Boden. Die Kreatur nahm die Fische und verschwand mit einem langen, tiefen Ruf in den Bäumen. Einige Wochen später hörte der Indianer frühmorgens ein Geräusch vor seiner Hütte. Als er hinausging, fand er einen Stapel frischer Hirschhäute, die nur noch gegerbt zu werden brauchten. Wieder hörte er den unheimlichen Ruf des Bigfoot in den Bäumen. Später brachte ihm das fremdartige Geschöpf noch andere Geschenke wie z. B. Wildfrüchte, Beeren und Feuerholz. Derselbe Indianer hatte einige Jahre später noch eine weitere wichtige Begegnung mit einem Bigfoot. Da sie jedoch Anfang des zwanzigsten Jahrhunderts stattfand, wird sie erst im nächsten Kapitel beschrieben.

2

Bigfoot nimmt Gestalt an: 1900 – 1920

Im Vergleich zur großen Anzahl heute publizierter Berichte liegen aus den ersten vier Jahrzehnten dieses Jahrhunderts nur relativ wenige Bigfoot-Meldungen vor. Dies bedeutet jedoch nicht notwendigerweise, daß die Kreatur damals weniger häufig gesichtet wurde. Die im frühen zwanzigsten Jahrhundert abgegebenen Beschreibungen des Bigfoot und seiner Verhaltensweisen weisen große Parallelen zu heutigen Schilderungen auf. Daß aus diesen Jahrzehnten weniger Berichte vorliegen, liegt wohl hauptsächlich daran, daß die Sichtungen häufig in sehr entlegenen Gebieten erfolgten und die Menschen in den meisten Fällen einfach nicht wußten, wem sie ihre Beobachtung mitteilen sollten. Sie behielten sie deshalb wahrscheinlich einfach für sich. Sichtungsberichte aus diesen Jahren werden heute jedoch nur dann bekannt, wenn sie ihren Weg in die örtlichen Zeitungen gefunden haben, die für Sichtungen aus dem neunzehnten und frühen zwanzigsten Jahrhundert fast die einzigen Quellen darstellen. Erschwerend kommt hinzu, daß damals, wenn überhaupt, nur sehr wenige der Beobachtungen von Menschen untersucht wurden, die in bezug auf den Bigfoot kompetent waren.

Eine frühe Sichtung, über die damals auch in der Zeitung berichtet wurde, fand im Jahr 1900 in der Nähe von Myrtle Point in Oregon statt. Aufgrund ihrer Fortbewegungsweise wurde die gesichtete Kreatur als »Känguruhmensch« bezeichnet und überraschenderweise als »sehr gut aussehend« beschrieben.

Das Bergbaugebiet Sixes im County Curry kann sich damit rühmen, in den letzten dreißig Jahren Heimat eines »Känguruhmenschen« gewesen zu sein. Als die Bergarbeiter Wm. Page und Johnnie McCulloch vor kurzem auf die Jagd gingen, beobachtete McCulloch den fremdartigen Tiermenschen an einem Fluß beim Trinken. Als Page auf das Wesen aufmerksam wurde, erschrak dieses und flüchtete mit katzenhafter Gewandtheit, die schon immer eines seiner charakteristischen Merkmale war. Mit ein paar Sprüngen war es außer Sicht.

Allein das Auftauchen dieses Tieres reicht schon aus, um die zerklüfteten Bergregionen in Angst und Schrecken zu versetzen. Schilderungen zufolge hat es das Äußere eines sehr gut aussehenden Menschen, ist 2,70 Meter groß und besitzt eine flache Stirn. Haare hängen ihm bis in die Augen, und auch sein übriger Körper ist durch ein dichtes Haarkleid geschützt. Seine Arme reichen bis fast auf den Boden, und durch Ausmessen seiner Fußspuren weiß man, daß seine Füße knapp 46 cm lang sind. Die Spuren zeigen zudem fünf gut ausgeprägte Zehen. Page und McCulloch würden nur zu gern wissen, ob sie ein unbekanntes Tier, einen wilden Menschen oder gar den Teufel selbst gesehen haben.

Ebenfalls im Jahr 1900 stürzte sich viele Kilometer weiter nördlich, in Alaska, eine Gruppe behaarter Kreaturen auf einen Goldsucher, der auf einen Baum geklettert war, um sich zu orientieren. Er schildert sie wie folgt: »Es waren wirklich schreckliche Wesen. Es müssen wirklich Teufel gewesen sein, denn es waren weder Menschen noch Affen, sie hatten aber Ähnlichkeit mit beiden. Sie waren vollkommen geschlechtslos und am ganzen Körper mit langen, struppigen Haaren bedeckt, außer dort, wo Schorf und nässende Wunden zu sehen waren.« Der Goldsucher rannte, die Bigfoots auf den Fersen, zu seinem Kanu und konnte entkommen. Der Vorfall ereignete sich in einer wilden Region östlich von Thomas Bay, in der zur selben Zeit auch von anderen Zeugen behaarte Wesen gesehen wurden.

In den ersten Jahren des zwanzigsten Jahrhunderts hatte der Indianer, dessen ersten Kontakt mit einem Bigfoot wir am Ende des letzten Kapitels beschrieben haben, eine erneute Begegnung mit den von ihm »Matah Kagmi« genannten Wesen. Goldsucher hatten ihn mittlerweile als Führer angestellt. Als er am Fuße des Mount Shasta in Kalifornien allein die Gegend auskundschaftete, wurde er von einer Schlange gebissen. Er konnte sie zwar noch töten, fiel danach jedoch in Ohnmacht. Als er wieder aufwachte, sah er sich von drei 2,40 bis 3,00 Meter großen Bigfoots umringt, die seine Wunde versorgt hatten und ihn einen Pfad hinuntertrugen. Nachdem sie ihn an einen Baum gelegt hatten, konnte er von dort aus die Goldsucher alarmieren.

Im Jahr 1901 beobachtete der Holzfachmann Mike King einen Bigfoot beim Waschen von Wurzeln. King befand sich auf Vancouver Island in British Columbia, im Gebiet des Campbell River, und war allein, da sich seine indianischen Träger vor dem im Wald lebenden »Affenmenschen« fürchteten. Seinen Angaben zufolge sah er ein menschenähnliches Wesen, das in einem Wassertümpel Wurzeln wusch und sie dann in zwei sauberen Stapeln aufschichtete. Als es bemerkte, daß es beobachtet wurde, rannte es mit einem Schrei davon, stoppte dann aber und schaute zurück. King gab folgende Beschreibung: »Es war vollständig mit einem rötlichbraunen Haarkleid bedeckt. Seine Arme waren auffallend lang und kamen sowohl beim Klettern als auch beim Laufen durch das Unterholz sehr geschickt zum Einsatz.« Er stellte außerdem fest, daß es menschenähnliche Fußabdrücke hinterließ, die Zehen jedoch extrem lang und überaus weit gespreizt waren.

Anfang 1902 wurde in Idaho ein Bigfoot gesichtet, der einen Holzknüppel schwang. Sein im *Wilkesboro Chronicle* beschriebenes Verhalten war ebenfalls ungewöhnlich:

> ... Die Einwohner der in einem entlegenen Teil des Bannick County in Idaho gelegenen Kleinstadt Chesterfield werden momentan durch ein menschenähnliches Monster in große Aufregung versetzt, das in der Umgebung aufgetaucht ist. Es ist behaart und etwa 2,40 Meter groß. Zum erstenmal wurde es am 14. Januar gesehen, als es unter einer Gruppe junger Leute auftauchte, die auf dem Fluß nahe John Goochs Ranch Schlittschuh liefen. Es zeigte sich sehr aggressiv, schwang einen Knüppel und ging unter lautem Schreien auf die Läufer los, die es aber bis zu ihren Kutschen schafften und sich in Sicherheit bringen konnten. Nach Ausmessen der Fußabdrücke stellte man fest, daß die Füße der Kreatur etwa 55 cm lang und ca. 18 cm breit sind. Auffallend ist, daß sich nur vier Zehen abgezeichnet haben. Viehzüchter berichten, daß sie seine Spuren in den Bergen gesehen haben. Da sich die Menschen der Umgebung nicht sicher fühlen, solange die Kreatur frei herumläuft, hat man 50 Männer auf ihre Fährte gesetzt, um sie zu fangen.

Das ungewöhnliche Schwingen eines Knüppels und die Tatsache, daß der Bigfoot anscheinend nur vier Zehen besaß, sollten nicht zu falschen Schlüssen führen. Wenngleich selten, wurde derart angriffslustiges Verhalten auch bei einigen anderen Begegnungen festgestellt. Auch das Fehlen von Zehen ist kein Einzelfall.

Die menschenähnlichen Wesen in der Umgebung von Myrtle Point in Oregon waren um die Jahrhundertwende sehr aktiv, wic auch der folgende Zeitungsartikel aus dem Jahr 1904 zeigt:

> Immer wieder drangen aus dem Bergbaugebiet Sixes im Coos County in Oregon, nahe Myrtle Point, in den letzten zehn Jahren aufsehenerregende Geschichten über einen wilden Menschen oder ein unheimliches und schreckliches Monster an die Öffentlichkeit. Das Wesen geht aufrecht und wurde mittlerweile von einer ganzen Reihe von Bergarbeitern und Goldsuchern gesehen.
>
> Das erneute Auftauchen des »wilden Mannes« der Sixes hat bei einigen Bergarbeitern Unruhe und Furcht ausgelöst. Einem Bericht zufolge wurde die Kreatur seit dem zehnten des letzten Monats dreimal gesehen, das erste Mal am »Thompson Flat«. W. Ward und ein junger Mann namens Burlison saßen des Nachts am Feuer ihrer Hütte, als sie etwas um die Hütte schleichen hörten. Sie dachten zuerst, es sei ein Mensch, aber als es an die Ecke der Hütte kam, begann es, sie kräftig zu schütteln und machte die ganze Zeit über jenen fürchterlichen Lärm, der wagemutige Bergarbeiter schon so oft vor dem haarigen Menschen gewarnt und sie zur sofortigen Flucht veranlaßt hatte.
>
> Ward ging zur Tür und konnte von dort aus deutlich sehen, wie das Monster wieder verschwand. Er schickte der Kreatur eine Kugel nach, die jedoch weit danebenging. Zum letzten Mal tauchte das Tier vor ein paar Tagen bei der Harrison-Hütte auf. Ward war zu diesem Zeitpunkt ebenfalls dort und

wird beim Erzählen wieder von Aufregung gepackt. Etwa um fünf Uhr morgens rüttelte der wilde Mensch derart heftig an der Tür, daß Ward und einer der Harrison-Jungen aus dem Schlaf hochschreckten. Sie nahmen ihre Gewehre, um den Eindringling gebührend zu empfangen. Als Ward auf das Wesen feuerte, schleuderte es als Antwort einen fast zwei Kilogramm schweren Stein in seine Richtung, zielte aber etwas zu hoch. Danach verschwand es wieder in den Wäldern.

Viele der Bergarbeiter schwören Stein und Bein, daß es den »wilden Mann« tatsächlich gibt. Sie haben ihn gesehen und wissen somit, wovon sie reden. Ihren Angaben nach hat er das Aussehen eines Gorillas und ist mit keinem anderen Lebewesen zu vergleichen. Nicht nur wegen seiner Fähigkeit, mit Urgewalt Steine und Felsbrocken sehr genau ins Ziel zu bringen, sondern auch, weil er etwa 2,10 Meter groß und vollständig behaart ist. Kurz, er sieht aus wie der Teufel persönlich.

Die Tatsache, daß die Kreaturen an den Hütten der Bergarbeiter rüttelten, könnte darauf hindeuten, daß sie durch die Anwesenheit des Menschen verärgert waren. Sie wollten ihm wahrscheinlich bedeuten, er solle verschwinden und möglichst nicht mehr wiederkommen.

Drei Jahre später, im März 1907, verbreitete ein 1,50 Meter großer, langhaariger »Affe«, der des Nachts am Strand nach Muscheln grub und dabei ein schreckliches Geheul ausstieß, unter den in einer kleinen Siedlung nahe Bishop's Cove auf Vancouver Island in British Columbia lebenden Indianern derartig Angst und Schrecken, daß sie Zuflucht auf dem nahe am Ufer vorbeifahrenden Dampfer *Capilano* suchten.

Durch die große öffentliche Aufmerksamkeit, die Bigfoot-Sichtungen in letzter Zeit zuteil wurde, melden

Fußspuren von Mensch (links), Bär (Mitte) und Bigfoot (rechts) im Vergleich. *(RD/FPL)*

sich jetzt auch Zeugen zu Wort, die dem Bigfoot bereits vor längerer Zeit begegnet sind. Dadurch kommen einige ungewöhnliche und für die Forscher sehr interessante Geschichten ans Licht, wie z. B. die einer Frau aus Oregon, die 1976 an das Magazin *Argosy* schrieb und schilderte, wie sie im Jahr 1910 als Zehnjährige in den Wäldern nahe ihres Elternhauses bei Mirrow Lake in Wisconsin eine Begegnung mit einer großen, haarigen Kreatur hatte. Das Wesen sei aufrecht gegangen, habe die Augen eines Menschen gehabt und sei ihr auf dem Weg nach Hause lange Zeit gefolgt, ohne sie jedoch anzugreifen oder zu erschrecken. Ihr Vater habe es als gutmütigen Bären abgetan, sei aber nicht hinausgegangen, um es selbst in Augenschein zu nehmen. Am nächsten Tag habe sie die Fußspuren der Kreatur im Schnee gefunden. Sie seien doppelt so groß gewesen wie die ihres Vaters, aber wieder habe sich niemand außer ihr für sie interessiert.

Eine weitere frühe Sichtung schilderte Mrs. Callie Lund in einem Brief, den sie 1969 an den Forscher John Green schrieb. Die geschilderten Vorfälle ereigneten sich auf einer Ranch in der Nähe von Oakville im Westen des Bundesstaats Washington:

> Der Frühling des Jahres 1933 war naß, und wir hatten, soweit ich mich erinnern kann, eine Menge Schnee. Sämtliche Farmen des Gebiets lagen am Fluß. Alle bewirtschafteten das unten liegende Land und bauten ihre Häuser auf den Anhöhen. Die Balch Logging Company hatte das Gebiet zwischen 1915 und 1923 zwar gerodet, 1933 standen auf vielen Hügeln jedoch bereits wieder Bäume. Zu jener Zeit besuchte ich die High School in Oakville und war am Wochenende, an dem sich der Vorfall ereignete, mit mehreren anderen Mädchen in der Stadt zum Tanzen gewesen. Immer wenn ich spät nach Hause kam, ging ich durch die Hintertür ins Haus. Die Schreie von Kojoten und Pumas waren mir von klein auf vertraut. Gerade als ich die Tür aufschloß, ertönte jedoch von einem der Hügel ein Laut, den ich nie zuvor gehört hatte. Ich bekam ein wenig Angst und weckte meine Mutter auf, damit sie sich dieses mir vollkommen rätselhafte Geräusch auch anhörte. Ich bemerkte auch, wie von einem anderen Hügel aus eine Antwort gegeben wurde.
>
> Mutter stand auf und reagierte so merkwürdig, daß ich sie fast nicht wiedererkannte. »Das ist wieder dieser schreckliche Affe«, murmelte sie vor sich hin. Als ich sie um eine Erklärung bat, vertröstete sie mich: »Ich werde es dir morgen erklären.

Laß uns reingehen, wir sind hier draußen nicht sicher.« Am nächsten Tag erzählte mir meine Mutter folgende Geschichte:

Nachdem mein Großvater gestorben war, teilte meine Großmutter die alte Ranch unter den Kindern auf. Meine Mutter erhielt etwa 40 Morgen Land, auf dem dann unser Haus stand. Der Wald reichte damals fast bis an die Rückwand des Hauses heran. Im Herbst 1912 war mein Vater nach Aberdeen gefahren, um dort Kartoffeln zu verkaufen, die er auf den zehn bereits gerodeten Morgen gezogen hatte. Da er auch über Nacht wegbleiben mußte, war meine Mutter in dem kleinen Haus ganz allein.

Das Haus besaß vorne eine Veranda und ein großes Erkerfenster. Meine Mutter schlief nicht sehr gut diese Nacht, da sie das Alleinsein nicht gewohnt war. Etwa um ein Uhr nachts hörte sie auf der Veranda plötzlich ein schreckliches, stampfendes Geräusch. Sie stand auf, um nachzuschauen. Zuerst dachte sie, die Silhouette, die sie draußen im hellen Mondlicht erkennen konnte, sei die eines Bären. Das Tier stand jedoch auf den Hinterbeinen und war so groß, daß es sich hinunterbeugen mußte, um ins Fenster zu schauen. Meine Mutter meinte, es sei über 1,80 Meter groß gewesen und habe im Mondlicht ganz und gar nicht wie ein Bär ausgesehen. Nach ein paar Minuten sprang es dann von der Veranda und ging um das Haus herum. Meine Mutter lief in die Küche, um es besser beobachten zu können. Sie stellte fest, daß das Wesen einem Affen ähnelte. Am meisten Angst hatten ihr die Laute gemacht, die es bei seinem Gang um das Haus von sich gegeben hatte.

Sobald es Tag geworden war, ging sie zu meiner Großmutter hinüber und erzählte ihr, was sie gesehen hatte. Ihre Brüder lachten sie aus und meinten, sie habe einfach einen Alptraum gehabt. Als mein Vater zurückkehrte, glaubte er ihr ebenfalls nicht. Da sie fürchtete, sich vollends lächerlich zu machen, beschloß sie, den Vorfall nie wieder zu erwähnen. Dies war also das erste Mal, daß ich sie die Geschichte erzählen hörte.

Ebenfalls um 1912 fand eine sehr merkwürdige Begegnung mit einem Bigfoot in Ohio statt, etwa 15 km von der Stadt Gallipolis entfernt. Das Ereignis ist eine Art Vorbote späterer Begegnungen, an denen anscheinend UFOs beteiligt waren. Die Augenzeugen, Mr. J. M. und seine Mutter, pflückten gerade Beeren auf ihrer Farm, als sie eine merkwürdige dunkle Wolke erblickten, die zuerst über ihnen schwebte und ihnen dann auf ihrem Weg durch den Wald folgte. M. erzählt, was als nächstes geschah:

> Meine Mutter ging ziemlich schnell und war bald etwa 10 bis 15 Meter vor mir.
>
> Wir erblickten das Monster, als es nur wenig rechts von uns stand. Es ging quasi parallel zu mir. In diesem Augenblick stand es jedoch hinter einer kleinen Bodenwelle, so daß ich es nur von den Knien an aufwärts sehen konnte. An die Arme kann ich mich nicht erinnern. Es hatte einen klobigen Kopf, der direkt auf den Schultern zu sitzen schien, und immens breite Schultern, die doppelt so breit waren wie die eines Menschen. Außerdem war es dunkel gefärbt.
>
> Als sich meine Mutter zu mir umdrehte, schrie sie: »Los, weg!« Das Monster bewegte sich ein wenig nach links, stoppte dann, drehte sich um und schien mich anzustarren. Es gab einen Laut von sich, der sich wie ein Knurren oder Bellen anhörte.

Nachdem sie ein Stück weit gelaufen waren und wieder Ausschau hielten, waren Kreatur und Wolke verschwunden.

Eine andere entlegene Region, in der in früheren Zeiten häufig Begegnungen mit Bigfoots stattfanden, die starke Parallelen zu heutigen Sichtungen aufweisen, ist das Gebiet um Traverspine nahe der Goose Bay in Labrador. Die Ereignisse von 1913 wurden erst Jahre später von Elliot Merrick in seinem Buch *True North* (etwa: Der wahre Norden) veröffentlicht, und obwohl er die Geschichten, die er hörte, als er in den dreißiger Jahren in Traverspine lebte, für Geistergeschichten zu halten scheint, deutet die Beschreibung in seinem Buch darauf hin, daß ein sehr reales Wesen gesehen wurde, ein Bigfoot.

> Geistergeschichten sind in diesem Landstrich mit seinen primitiven Ängsten und verstreut liegenden Häusern allgegenwärtig. Eine der unheimlichsten ist die über den »Gorilla« von Traverspine. Vor etwa zwanzig Jahren spielte ein kleines Mädchen an einem Herbstnachmittag gerade auf einer offenen, mit Gras bewachsenen Lichtung, als sie ein riesiges behaartes Wesen mit lang herunterhängenden Armen aus dem Wald kommen sah. Wenn es aufrecht stand, war es etwa 2,10 Meter groß, manchmal ließ es sich jedoch auch auf allen vieren nieder. Auf seinem Kopf war eine weiße Mähne zu erkennen.
>
> Nach Angaben des Mädchens grinste das Geschöpf sie an, so daß seine weißen Zähne zu erkennen waren. Als die Kreatur sie herüberwinkte, rannte das Mädchen schreiend ins Haus. Die Spuren des Besuchers fanden sich überall, im Schlamm, im Sand und später auch im Schnee. Man maß die Abdrücke aus und erstellte Papier-

schablonen von ihnen, die auch heute noch existieren. Der merkwürdige Fußabdruck ist etwa 30 cm lang, am Hacken schmal, und gabelt sich vorne in zwei breite runde Zehen. Manchmal waren die Fährten so tief, daß der Eindruck entstand, das Wesen müsse mehrere hundert Kilogramm wiegen. In einigen Fällen jedoch waren die Spuren auch nicht tiefer eingedrückt als die eines Menschen. Man legte Bärenfallen aus, denen das Wesen aber sorgsam aus dem Weg ging. Es riß die Borke von den Bäumen und grub riesige verrottete Baumstämme aus, offensichtlich auf der Suche nach Larven und Würmern.

Es wurden Jagden auf das Wesen organisiert, und die Holzfäller, die sich damals gerade am Mud Lake befanden, kamen mit ihren Gewehren und lagen die ganze Nacht an den Wegen auf der Lauer, jedoch ohne Erfolg. Etwa ein Dutzend Personen haben mir gesagt, sie hätten seine Trittsiegel mit eigenen Augen gesehen und könnten sie keinem ihnen bekannten Lebewesen zuordnen. Eines Nachmittags sah ein Mädchen die Kreatur, als sie gerade durchs Fenster blickte. Als das Kind aufschrie, griff sich die alte Mrs. Michelin ein Gewehr und rannte zur Tür. Sie sah gerade noch einen Teil ihres Kopfes zwischen den dichten Weiden verschwinden, feuerte in Richtung der sich bewegenden Büsche und war auch der Meinung, den mysteriösen Gast getroffen zu haben. Sie berichtete, das Wesen habe eine Art weiße Krause oder einen weißen Kamm auf dem Kopf gehabt. In der Nacht verbarrikadierte die Familie die Tür mit einem schweren Birkenstamm und schlief in den oberen Räumen, Gewehre und Äxte immer griffbereit.

Auch die Hunde witterten das Geschöpf, denn die Familie hörte sie bei seinem Herannahen knurren und bellen. Häufig muß es sie in den Fluß getrieben haben, denn des Morgens waren sie oft tropfnaß. Eines Nachts, als die Tiere das Wesen gestellt hatten, schlug es mit einem Stock oder einem Knüppel nach ihnen, der das Haus an einer Ecke mit einer solchen Wucht traf, daß die Balken zitterten. Die männlichen Familienmitglieder trugen immer Gewehre bei sich, bekamen jedoch nie die Gelegenheit, auf das Wesen zu schießen. Zwei Winter trieb es in der Gegend sein Unwesen.

Man beachte, daß der »Gorilla« angeblich einen Knüppel geschwungen hat, genau wie der elf Jahre zuvor gesichtete Bigfoot in Idaho. Die weiße Mähne oder Krause, die er auf dem Kopf hatte, ist zwar ungewöhnlich, aber kein Einzelfall: Ein Bigfoot, der 1923 und 1946 in der Nähe von Cobalt, Ontario, gesehen wurde, besaß Angaben zufolge ebenfalls eine helle Mähne, die ihm den Namen »Yellow Top«, also »Gelbkopf«, einbrachte. Schließlich wurde 1973 in der Gegend von Lancaster in Pennsylvania ein grauer Bigfoot gesehen, der ebenfalls einen weißen Haarschopf aufwies. Die beschriebene Fußspur ist in der Tat merkwürdig. Wenngleich der größte Teil der Bigfoots zugeschriebenen Spuren fünf Zehen aufweist, lassen sich bei einigen nur vier und bei einer überraschend großen Zahl sogar nur drei Zehen erkennen. Eine Spur mit zwei Zehen findet sich in unserem Archiv jedoch selten.

Ein weiterer Bericht über den Gorilla von Traverspine stammt von Professor Bruce Wright, der den Ort besuchte, um die Geschichte näher zu untersuchen. In seinem Buch *Wildlife Sketches Near and Far* (etwa: Tierbeobachtungen aus nahen und fernen Ländern) beschreibt er zwei der Kreaturen. Insofern unterscheidet sich sein Bericht zwar von der Darstellung Merricks, in vielen anderen Aspekten sind sie jedoch ähnlich.

Um 1913 erhielt die kleine Siedlung Traverspine am Lake Melville Besuch von zwei unheimlichen Tieren, die die Hunde zum Wahnsinn trieben und die Menschen in Angst und Schrecken versetzten. Sie hinterließen tiefe, etwa 30 cm lange Spuren, die auf großes Körpergewicht schließen lassen. Mit großer Kraft gruben sie verrottete Baumstämme aus dem Boden und rissen sie auseinander, offenbar auf der Suche nach Kerbtieren.

Manchmal standen sie aufrecht auf den Hinterbeinen und sahen dann aus wie riesige, behaarte Menschen, etwa 2,10 Meter groß (sicherlich war es diese Beschreibung, die Merrick dazu veranlaßte, vom »Gorilla von Traverspine« zu sprechen). Häufig liefen sie jedoch auch auf allen vieren. Sie taten sich an einigen Seehundknochen gütlich, »die für die Hunde zu groß gewesen waren«, und was für einen Huskie zu groß ist, ist wirklich groß. Wenn die Wesen nachts in die Siedlung kamen, nahmen zahllose Hunde die Verfolgung auf, von denen viele aber niemals zurückkehrten. Für die Menschen bedeutete dies einen herben Verlust, da Hundeschlitten das einzige Transportmittel darstellten.

Die beiden unheimlichen Tiere, die von den Bewohnern als »Mann« und »Frau« bezeichnet wurden, weil eines größer als das andere war, blieben trotz vieler Versuche, sie zu fangen oder zu verjagen, in der Umgebung der Siedlung. Eines Tages war Mrs. Michelin mit ihrer kleinen Tochter allein zu Haus. Das Kind spielte draußen in den Büschen und kam plötzlich schreiend ins Haus gerannt: »Es kommt mir nach, Mutti, es kommt mir nach!«

Mrs. Michelin langte nach dem geladenen Schrotgewehr, das immer griffbereit lag, wenn ihr

Mann nicht zu Hause war, und lief zur Hintertür hinaus.

»Alles, was ich sehen konnte, war der Busch, der sich bewegte, und der Schatten eines riesigen, etwa zwei Meter großen Tieres, das in den Erlen stand. Es schien eine Art weißer Krause oder Mähne auf dem Kopf zu haben. Den Rest konnte ich nicht erkennen. Ich schoß in das Gebüsch und hörte, wie die Kugel einschlug. Dann ging ich ins Haus zurück und verriegelte die Tür. Es kam nicht mehr zurück, und als die Männer aus der Sägemühle zurückkamen, fanden sie an der Stelle, wo das Tier gestanden hatte, Blutspritzer.«

Als die Sägemühle schloß, hielten die Männer verstärkt nach dem Wesen Ausschau, fanden es jedoch nie. Seitdem gab es immer wieder Begegnungen mit ähnlichen Tieren, und von Zeit zu Zeit fand man Spuren, zuletzt um 1940.

Ich fragte Mrs. Michelin geradeheraus, ob sie nicht auch einen Bären gesehen haben könnte. Sie aber antwortete: »Es war kein Bär, Mr. Wright. Mit den Fallen meines Mannes habe ich zwölf Bären getötet, und ich kenne ihre Spuren sehr genau. Ich habe genug von diesem Ding gesehen, um sicher zu sein. Ich habe auf es geschossen und gehört, daß die Kugel getroffen hat.«

Eine Kreatur, die 1914 in Maryland gesehen wurde, war zwar behaart und anscheinend tatsächlich ein Bigfoot, besaß jedoch den Angaben zufolge eine klar ausgeprägte Nase und ein scharfes Kinn, beides Merkmale, die für einen Bigfoot eigentlich nicht typisch sind. Der Zeuge war zum damaligen Zeitpunkt acht Jahre alt und lebte in Churchville, Maryland. Er suchte hinter dem Haus nach seiner Mütze und hatte, da es Abend war, eine Laterne bei sich, als er die Kreatur auf einem Stamm sitzen sah. Seine von ihm hochgehaltene Laterne befand sich in einer Höhe mit den Augen des Bigfoot, und obwohl das Wesen ihn hätte angreifen können, begnügte es sich damit, ihn anzuschauen.

Etwa um 1915 herum sah Crum King, ein junger Mann, der sich gerade auf dem Heimweg von einer Tanzveranstaltung zu seinem Haus in der Nähe der Stadt Wann in Oklahoma befand, ein 1,50 bis 1,80 Meter großes, menschenähnliches Wesen, das am Tor zu seinem Haus stand. Es hatte einen breiten Brustkorb (laut King etwa 1,20 Meter) und »stand dort mit ausgestreckten Armen«. Er wartete nicht erst ab, was der Bigfoot vorhatte.

Albert M. Fletcher war eine von mehreren Personen, die 1917 in der Umgebung eines Holzfällercamps einen Bigfoot sahen. 1969 schrieb er einen Bericht über den Vorfall, der damals zwar schon über 50 Jahre zurücklag, an den er sich aber trotzdem noch gut zu erinnern schien:

> Im Herbst 1917 arbeitete ich als Siebzehnjähriger in einem Holzfällercamp am Cowlitz River im Staat Washington. Eines mondhellen Abends ging ich auf einer Schneise, die zum Abtransport des Holzes geschlagen worden war, zu einer Tanzveranstaltung, als ich plötzlich das ungute Gefühl hatte, daß mir etwas folgte. Obwohl ich ständig über die Schulter schaute, konnte ich nichts entdecken. Als der Weg eine Biegung machte, duckte ich mich hinter einen Baum und wartete. Gleich darauf zeigte sich eine etwa zwei Meter große, menschenähnliche Kreatur, die auf den Hinterbeinen ging. Sie war dunkelbehaart, hatte ein bärtiges Gesicht, einen breiten Brustkorb und trug, soweit ich erkennen konnte, keinerlei Kleider. Als ich einen Schreckensschrei ausstieß, drehte sich das

Wesen hastig um und verschwand, immer noch auf den Hinterbeinen laufend, im Wald. Als ich meinen Kollegen davon erzählte, erntete ich von einigen zwar Gelächter, andere bestätigten jedoch, daß auch sie dieses Geschöpf bereits gesehen hätten. Keiner hatte eine Erklärung, und der Kreatur wurde auch nie ein Name gegeben, aber alle stimmten überein, daß es ein großes, affenähnliches Wesen war, das Ähnlichkeit mit einem riesigen Menschen hatte.

3

Angriffe und Entführungen: 1921 – 1940

Im Jahr 1924 fanden zwei für die Bigfoot-Forschung sehr wichtige Ereignisse statt: ein Angriff auf eine Hütte im Kaskadengebirge im Staat Washington und die Entführung des Albert Ostman in British Columbia. Zuvor hatte es 1923 in Ontario gelegentlich Sichtungen des »Yellow Top« durch Goldsucher gegeben, wie sich aus dem *North Bay Nugget* entnehmen läßt:

> COBALT – 27. Juli 1923 – Mr. J.A. MacAuley und Mr. Lorne Wilson behaupten, während ihrer Arbeit in ihren Claims nördlich und östlich der in der Nähe von Cobalt gelegenen Wettlaufer-Mine den Urzeitmenschen gesehen zu haben. In siebzehn Jahren wurde damit im Bezirk zum zweitenmal jene behaarte, affenähnliche Kreatur gesehen, der man aufgrund ihrer hellen Mähne den Spitznamen »Yellow Top« gegeben hat.
>
> Die zwei Goldsucher sagten aus, sie hätten gerade Gesteinsproben entnommen ... als sie eine Gestalt erblickten, die zuerst wie ein Bär ausgesehen habe, der gerade Blaubeeren fresse. Wilson sagte, er habe das Geschöpf mit einem Stein beworfen.
>
> »Daraufhin richtete es sich auf, knurrte uns an und rannte davon. Es sah vollkommen anders aus als die Bären, die ich bis jetzt gesehen habe. Es hatte einen gelblichen Kopf, während der restliche Körper vollständig mit schwarzen Fellhaaren bedeckt war wie bei einem Bären.« Zum erstenmal wurde diese Kreatur im September 1906 von einer

Gruppe von Arbeitern gesichtet, die den Stützrahmen für die Violet-Mine östlich von Cobalt bauten. Seitdem war sie jedoch nicht mehr aufgetaucht.

Genau ein Jahr später, im Juli 1924, sahen sich Fred Beck und seine ebenfalls nach Bodenschätzen suchenden Kollegen in einem Canyon in der Nähe von Kelso in Washington gleich mit mehreren Bigfoots konfrontiert. Der Canyon wurde später als Ape Canyon, als Affenschlucht, bekannt. Die Geschichte wird im *Portland Oregonian* geschildert:

> Marion Smith, sein Sohn Roy Smith, Fred Beck, Gabe Lefever und John Peterson berichteten heute in Kelso von einer unheimlichen Begebenheit, die ihnen im Kaskadengebirge widerfahren ist. Sie hatten dort diese Woche eine Begegnung mit den mysteriösen »Bergteufeln« oder Berggorillas des Mount St. Helens. Dabei konnten sie einen von ihnen erschießen und wurden daraufhin während der Nacht von den übrigen Wesen mit Steinen bombardiert.
>
> Die Männer erkundeten ein Claim am Muddy, einem Nebenlauf des Lewis River, etwa 13 Kilometer vom Spirit Lake und etwas mehr als 70 Kilometer von Castle Rock. Sie gaben an, vier der riesigen Tiere gesehen zu haben. Die Wesen hätten etwa 200 Kilogramm gewogen und seien aufrecht gegangen. Smith und seine Kollegen erklärten außerdem, in den letzten sechs Jahren bereits einige Male die Spuren der Tiere entdeckt zu haben. Indianer erzählen zwar bereits seit 60 Jahren von den »Bergteufeln«, niemand hatte die Tiere jedoch bis jetzt zu Gesicht bekommen.

Nach eigenen Angaben traf Smith auf eine der Kreaturen und schoß einige Revolverkugeln auf sie ab. Am Donnerstag hat Fred Beck eines der Wesen angeblich sogar erschossen, es sei danach eine Schlucht hinabgestürzt. In der darauffolgenden Nacht hätten die Tiere dann die Hütte, in der die Männer haltgemacht hatten, mit einem Steinhagel bombardiert. Viele der Brocken seien sehr groß gewesen und hätten aus den Holzwänden der Hütte Stücke herausgerissen ...

Roger Patterson, der Mann, der 1967 in Kalifornien einen Bigfoot filmen konnte, interviewte Fred Beck 1966 und erfuhr dabei nähere Einzelheiten über die haarsträubenden Erlebnisse der Männer. Eine Abschrift des Interviews ist in John Greens *Sasquatch: The Apes Among Us* enthalten. Obwohl das Gespräch mit Beck erst 42 Jahre nach den oben beschriebenen Ereignissen stattfand, waren der Schrecken und die Aufregung der damaligen Begegnung immer noch deutlich spürbar. Die Geschehnisse waren Beck offenbar sehr deutlich in Erinnerung geblieben. Zur Attacke auf die Hütte berichtete er folgendes: »Ich sage Ihnen, fast die ganze Nacht haben sie das Haus angegriffen und versucht hineinzukommen. Wir schossen die ganze Zeit. Als sie sich auf dem Dach befanden, schossen wir durch die Decke. Zwar konnten wir sie nicht sehen, hören aber um so mehr. Mein Gott, die machten vielleicht einen Lärm! Als ob Pferde dort oben herumrennen würden.«

Interessant ist, daß Marion Smith einen Bigfoot zwar dreimal in den Kopf geschossen und zudem noch zweimal seinen Körper getroffen haben will, das Wesen aber trotzdem weitergelaufen sei. Fred Beck lieferte im besagten Interview außerdem eine Beschreibung der Kreaturen: »Nun, sie waren groß, ... ich schätze sie auf 2,50 Meter, vielleicht sogar noch größer. Sie sahen aus wie Menschen, also mit schmalen Hüften, aber breiten Schultern und einem starken Brustkorb, und sie hatten, wie heißt es doch gleich, einen Stiernacken ...« Ohren und Gesichter der Wesen seien behaart gewesen, und außerdem hätten sie »eine Art Stupsnase, eine, tja, irgendwie flache Nase« gehabt. Ihre Arme seien lang und stark gewesen, und sie hätten etwa 250 bis 350 Kilogramm gewogen.

Nachdem die Männer auf die Kreaturen geschossen hatten, überrascht es nicht sonderlich, daß sie von ihnen im Ape Canyon nicht gerade freundlich behandelt und in ihrer Hütte angegriffen wurden. Der Bigfoot, der Albert Ostman entführte, verletzte ihn zwar nicht, sorgte jedoch für ein Erlebnis, das Ostman nie vergessen konnte. Da er angesichts des unglaublichen Vorfalls verständlicherweise fürchtete, sich lächerlich zu machen, gab er Einzelheiten erst 1957 preis, zu einer Zeit, als der Bigfoot vermehrt Gegenstand von Berichten und Artikeln wurde. Er schrieb einen Bericht über die Ereignisse, so wie er sich noch an sie erinnerte.

Ostman arbeitete 1924 auf Baustellen und brauchte etwas Urlaub. Er entschloß sich deshalb, in British Columbia in der Gegend des Toba Inlet nach Gold zu suchen. Er schlug in den Bergen sein Lager auf und begann die Suche nach dem Edelmetall. Als er bemerkte, daß seine Habseligkeiten immer wieder durchstöbert wurden, beschloß er, die folgende Nacht wach und angezogen im Schlafsack zu verbringen und das Gewehr griffbereit zu halten, um den Eindringling gebührend zu empfangen. Trotz aller guten Vorsätze schlief er jedoch ein und erwachte erst, als ihn etwas vom Boden aufhob.

> Mein erster Gedanke war, daß es sich um eine Rutschpartie auf Schnee handeln mußte, aber in der Umgebung meines Lagers gab es keinen

Fred Beck (rechts) zeigt dem Bigfoot-Forscher René Dahinden 1968 das Gewehr, mit dem er seinen Angaben zufolge 1924 im Ape Canyon, Washington, auf einen Bigfoot schoß.

(René Dahinden/Fortean Picture Library – RD/FPL)

Schnee. Dann glaubte ich, auf einen Pferderücken geworfen zu werden, spürte aber auf jeden Fall, daß sich das mysteriöse Unbekannte, was immer es war, gehend fortbewegte.

Ich versuchte herauszufinden, um was für ein Tier es sich handeln könnte. Gleichzeitig tastete ich nach meinem Messer, um mich loszuschneiden. Da ich mich aber in einer fast sitzenden Position befand, war es unter mir begraben, so daß ich es nicht erreichen konnte. Mein Gewehr allerdings war vor mir; ich hielt es fest gepackt und hatte nicht die Absicht, es wieder loszulassen. Ab und zu spürte ich, wie die Büchsen in meinem Rucksack auf meinen Rücken drückten.

Nach etwa einer Stunde merkte ich, daß wir einen steilen Berg hinaufstiegen. Mit jedem Schritt ging es höher hinauf. Mein unheimlicher Träger atmete schwer und gab manchmal ein leichtes Husten von sich. Nun wußte ich, daß es einer jener riesigen, in den Bergen lebenden Sasquatches sein mußte, von denen mir die Indianer erzählt hatten.

Meine Lage war äußerst unbequem, denn ich konnte mich nicht bewegen. Ich befand mich zwar in einer sitzenden Position, aber die genagelte Sohle eines der Stiefel drückte fürchterlich gegen einen meiner Füße. Obwohl die Schmerzen fast nicht auszuhalten waren, hatte ich keine Möglichkeit, mich in eine andere Position zu bewegen.

Im Schlafsack war es sehr heiß. Glücklicherweise aber hatte der Bursche den Schlafsack beim Aufnehmen nicht ganz schließen können. Oben war er deshalb einen Spaltbreit offen geblieben, was mein Glück war, denn ansonsten wäre ich erstickt.

Nun ging es wieder bergab. Manchmal spürte ich, wie ich den Boden berührte, und einmal zog er mich auch ganz hinter sich her, und ich spürte, daß er sich unter mir befand. Dann schien er endlich festen Boden erreicht zu haben und verfiel nun für längere Zeit in eine gleichmäßige Gangart. Mittlerweile hatte ich Krämpfe in den Beinen, und es schmerzte fürchterlich. Ich hoffte inständig, daß er sein Ziel bald erreicht haben würde, denn diese Art des Transports würde ich nicht viel länger aushalten.

Nun ging es erneut einen Berg hinauf, was mir aber nicht sonderlich zu schaffen machte. Ich versuchte, die bisher zurückgelegte Entfernung und die eingeschlagene Richtung abzuschätzen. Soweit ich beurteilen konnte, waren wir mittlerweile etwa drei Stunden unterwegs. Wann wir genau aufgebrochen waren, wußte ich nicht, da ich geschlafen hatte, als er mich aufnahm.

Endlich hielt er an und ließ mich zu Boden gleiten. Dann ließ er meinen Rucksack fallen, und ich hörte die Büchsen klappern. Danach hörte ich ein Plaudern, eine Art Gespräch, das ich aber nicht verstand. Der Boden war so abschüssig, daß ich ein Stück weit bergab rollte, als er mich fallen ließ. Ich steckte meinen Kopf aus dem Schlafsack und bekam endlich ein wenig Luft. Ich versuchte, meine Beine auszustrecken und aus dem Schlafsack herauszukriechen, aber meine Beine waren vollkommen taub.

Da es dunkel war, konnte Albert Ostman seine Entführer nicht sofort erkennen. Auch an Flucht war vorerst nicht zu denken. Als es allmählich heller wurde, konnte er vier behaarte Kreaturen ausmachen, zwei große und zwei kleine. Anscheinend handelte es sich um Vater und Mutter mit zwei Kindern, einem Jungen und einem Mädchen. Bevor Ostman begann, sich einen Fluchtplan zu überlegen, überprüfte er, was er dabei hatte (Kompaß, etwas zu essen, Gewehrpatronen, einige Streichhölzer und ein Messer) und suchte sich dann eine Stelle zum Lagern. Das »Familienoberhaupt« saß derweil an der Öffnung des Tals, in dem sie sich befanden und das von hohen Bergen umgeben war. Als Ostman ein oder zwei Tage später zu fliehen versuchte, versperrte er ihm den Weg. Ostman mußte also überleben, bis sich irgendwann eine weitere Gelegenheit zur Flucht bot. Er fand eine Quelle, kochte sich Kaffee und aß etwas. Er freundete sich mit dem jungen männlichen Bigfoot an und studierte das Familienleben der Wesen. Sie schliefen unter einem überhängenden Felsen auf trockenem Moos und moosgefüllten »Decken«. Den Tag verbrachten sie mit Nahrungssuche. Sie sammelten Gras, Zweige, Schoten, Nüsse und Wurzeln. Niemals sah er sie Fleisch fressen. Ostman hatte viel Zeit, um die Bigfoots genau zu beobachten:

> Der junge Bursche war zwischen 11 und 18 Jahre alt, mehr als zwei Meter groß und wog etwa 130 Kilogramm. Sein Brustkorb war etwa 1,30 bis 1,40 Meter breit, seine Hüfte ca. 90 bis 95 cm. Er hatte einen breiten Kiefer und eine schmale Stirn, die sich zum einige Zentimeter höher liegenden Hinterkopf hin hochwölbte. Die Wesen besaßen eine etwa 15 cm lange Kopfbehaarung, während die restliche Körperbehaarung eher kurz und an manchen Stellen sehr dick war. Die Stirnhaare der Weibchen waren leicht nach oben gedreht und als eine Art Pony frisiert. Das Alter des Muttertiers liegt heute irgendwo zwischen 40 und 70 Jahren. Sie war weit mehr als zwei Meter groß und wog schätzungsweise um die 250 Kilogramm.
>
> Sie hatte sehr breite Hüften und den Gang einer Ente. Ihr Körper war weder schön noch auf Schnelligkeit ausgelegt, und ein raffinierter Büstenhalter oder ein Korsett hätte ihrem Aussehen und ihrer Figur sicherlich gutgetan. Die Eckzähne des alten Männchens waren zwar länger als die übrigen Zähne, aber nicht so lang, um als Fang- oder Stoßzähne bezeichnet zu werden. Der Alte muß fast 2,50 Meter groß gewesen sein. Er besaß einen immens breiten Brustkorb, einen großen Buckel und kräftige Schultern. Sein Bizeps war extrem stark ausgebildet und verjüngte sich in Richtung des Ellenbogens. Seine Unterarme waren zwar länger als die eines Menschen, jedoch trotzdem gut proportioniert. Die Hände waren breit, mit

langen und breiten Handflächen, die außerdem geformt waren wie Schöpfkellen. Die Finger waren im Verhältnis zur übrigen Hand relativ kurz, und seine Fingernägel erinnerten an Meißel.

Die einzigen nicht behaarten Stellen ihres Körpers waren die Innenflächen ihrer Hände, die Sohlen ihrer Füße sowie der obere Teil der Nase und der Augenlider. Ihre Ohren habe ich nie gesehen, sie waren vollständig von Haaren bedeckt.

Hätte das alte Männchen eine Krawatte tragen wollen, so hätte sie mindestens 75 cm lang sein müssen. Ich habe keine Ahnung, welche Schuhgrößen die Familie benötigen würde. Einmal, als sich der junge Bursche niedersetzte, konnte ich einen Blick auf seine Füße werfen. Die Sohlen schienen gepolstert zu sein wie die Pfoten eines Hundes. Der große Zeh war länger als die übrigen Zehen und sehr stark ausgebildet. Beim Bergsteigen reicht ihm bereits dieser große Zeh, um Halt zu finden. Allgemein waren die Wesen sehr agil und lebhaft.

Ostman kam schließlich auf die Idee, zur Flucht seinen Schnupftabakvorrat einzusetzen. Sein Plan bestand darin, das Interesse des Alten zu wecken und ihm so viel Schnupftabak zu verabreichen, daß ihm übel wurde. Seine Geduld wurde schließlich belohnt: Eines Tages griff sich das Männchen eine ganze Schachtel und schlang den Inhalt auf einmal hinunter. Bald darauf wurde ihm schlecht, und er suchte das Wasser auf, um zu trinken. Ostman nutzte die Gelegenheit, raffte seine Habseligkeiten zusammen und flüchtete durch die Talöffnung. Er feuerte sein Gewehr ab, um den Rest der Familie auf Distanz zu halten, und lief den Hang hinunter. »Ich befand mich in einem Canyon und kam gut voran. Ich muß fünf Kilometer in Weltrekordzeit zurück-

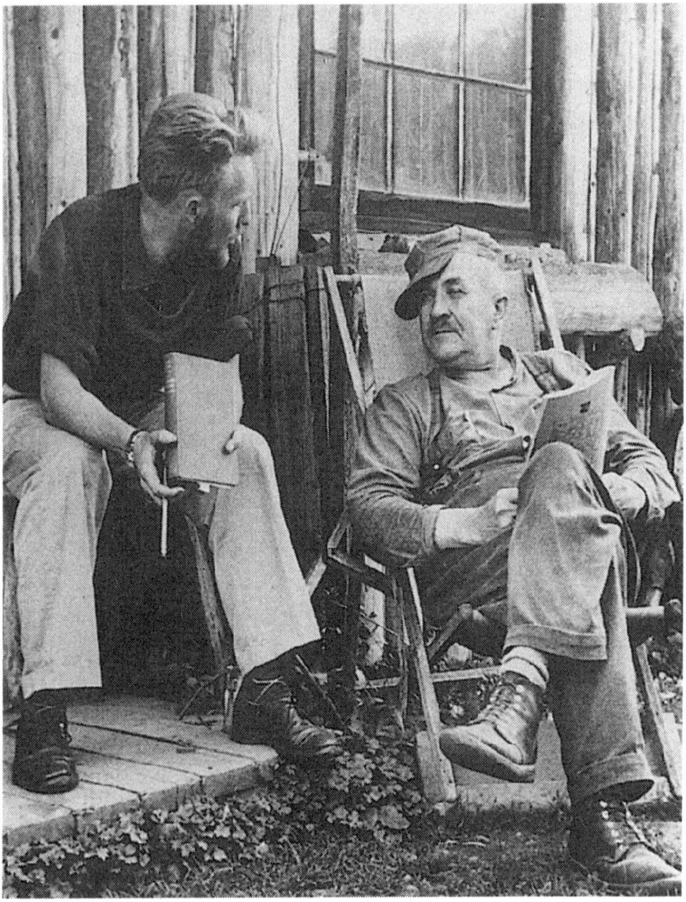

Albert Ostman (rechts) wurde 1924 in British Columbia von einem Bigfoot gekidnappt. *(RD/FPL)*

gelegt haben.« Niemand folgte ihm, und er fand schließlich zurück in die Zivilisation.

Ostman ist zwar mittlerweile tot, der erfahrene Bigfoot-Forscher John Green kannte ihn jedoch über zwölf Jahre und sah keinen Grund, ihn als Lügner einzustufen. Auch alle anderen, die ihn befragten, wie z. B. ein Friedensrichter sowie Zoologen und Experten für

Primaten, konnten ihm keinen Schwindel nachweisen. Wir müssen also davon ausgehen, daß seine Geschichte, so phantastisch sie auch klingen mag, tatsächlich wahr ist.

Im Jahr 1924 gab es noch eine dritte Bigfoot-Sichtung, und zwar in der Nähe von Flagstaff in Arizona. Dabei beobachteten zwei Frauen einen Bigfoot, wie er im Garten ihrer Ranch Rüben herausriß. Die über zwei Meter große und hellbehaarte Kreatur verschmähte auch Mais nicht. Sie machte sich mit ihrer Beute davon und sprang auf ihrem Weg zurück in den Wald über einen Zaun.

1926 zeigte ein Bigfoot wieder einmal seine Abneigung gegenüber Hunden – eine Eigenheit, die immer wieder berichtet wird. Es liegt mittlerweile eine ganze Reihe von Schilderungen vor, in denen beschrieben wird, wie er mit Hunden kämpft oder sie sogar tötet. Bei diesem Vorfall am Mountain Fork River in Oklahoma erspähten zwei von einem Hund begleitete Jäger auf einer Lichtung einen großen, schwarzen und behaarten »Affenmenschen«, der davonlief, als sie zu schreien begannen. Einer der Jäger setzte daraufhin seinen Hund auf das Wesen an. Der Vierbeiner kehrte jedoch nicht zurück, und nach etwa einer Stunde fanden sie nur noch dessen Leiche. Nach Angaben der Jäger war das Tier fast in zwei Teile gerissen worden, wahrscheinlich vom Bigfoot.

Ein beunruhigendes Erlebnis hatte 1927 auch ein Autofahrer, der in der Nacht nach Salem in New Jersey unterwegs war. In einem Waldgebiet hatte er einen platten Reifen und stieg aus, um ihn zu wechseln. Er war gerade fertig, als das Auto plötzlich kräftig geschüttelt wurde. Als er aufschaute, sah er etwas, »das aussah wie ein Mensch, jedoch keinerlei Kleidung trug und vollständig behaart war«. Der Fahrer ließ Reifen und Wagenheber einfach liegen und raste so schnell wie möglich davon. Nachdem er in Salem von seinem Erlebnis erzählt hatte, fuhren zwei Männer zurück, um nachzuforschen. Sie fanden zwar den Reifen und den Wagenheber, vom Bigfoot fehlte aber jede Spur.

Nur vier Jahre nach Albert Ostmans Abenteuer fand in British Columbia angeblich eine weitere Entführung statt. Das Opfer war der Indianer Muchalat Harry vom Stamm der Nootka, der als furchtloser Trapper in den Wäldern von Vancouver Island lebte. Sein Lager war nur mit dem Kanu zu erreichen. Eines Nachts wurde er, nur mit Unterwäsche bekleidet und in seine Decken gehüllt, von einem großen Bigfoot viele Kilometer weit in die Berge verschleppt. Als es Tag wurde, sah er, daß er sich in einer Gruppe von etwa zwanzig behaarten Kreaturen befand, die ihn aufmerksam untersuchten, speziell seine »lose Haut« (wollene Unterwäsche), an der sie interessiert zogen und zupften. Später, als sie das Interesse an ihm verloren hatten und er allein und frierend dasaß, ergriff er die Gelegenheit zur Flucht und lief davon. Er wanderte erst 20 Kilometer zu seinem Kanu und paddelte dann in der Winternacht nackt bis auf die Unterwäsche 70 Kilometer nach Hause. Seine Freunde konnten ihn zwar wieder gesundpflegen, Muchalat Harry weigerte sich hinterher jedoch standhaft, wieder zum Lager zurückzukehren, um seine Ausrüstung und sein Gewehr zu holen.

1933 berichteten mehrere Reisende, die in der Wildnis Oregons unterwegs gewesen waren, einen Bigfoot gesehen zu haben. Einzelheiten finden sich in einem Artikel des *Visalia Times-Delta* vom 19. August:

> Eine Gruppe von Waldarbeitern machte heute in der Busch- und Kiefernlandschaft von Tillamook Head Jagd auf einen »wilden Mann«. Drei Augenzeugen beschrieben ihn als einen »struppig aus-

sehenden Menschen mit einem Tiergesicht«, der davongelaufen sei, als er merkte, daß er beobachtet wurde. Das Wesen, bei dem es sich entweder um einen Wahnsinnigen, einen Eremiten oder aber um eine Sinnestäuschung handeln muß, war seinen Verfolgern schließlich entkommen und spurlos verschwunden. Suchmannschaften, die vor kurzem ausgesandt worden waren, um in der Region nach als vermißt gemeldeten Urlaubern zu suchen, sichteten den »wilden Mann« ebenfalls. Irving C. Allen, ein Beamter aus Seaside, berichtet: »Ich war am Bald Mountain hinter dem Suchtrupp zurückgeblieben. Als ich mich kurz umdrehte, sah ich es. Es sah aus wie ein zotteliges, aber doch menschenähnliches Tier. Da es bereits dunkel wurde, konnte ich es nicht deutlich erkennen. Als es merkte, daß ich es beobachtete, drehte es sich um und verschwand in der Dunkelheit.« Clement Klink, Mitglied eines anderen Suchtrupps, der einige Tage später unterwegs war, berichtete folgendes: »Wir befanden uns gerade in der Nähe der Death Trap auf der Jagd. Als ich eine Felsklippe hinaufschaute, sah ich in relativ großer Entfernung einen Menschen, der wie ein Tier aussah und auf mich herunterstarrte. Als ich ihn weiter beobachtete, ergriff er die Flucht.« William Laighton, der am Tillamook Head jeden Tierpfad und jede Felszinne kennt, hat den wilden Mann Angaben zufolge ebenfalls gesehen. »Nun, ich habe da tatsächlich etwas Merkwürdiges gesehen«, erklärte er auf Nachfrage, lehnte es jedoch ab, nähere Angaben zu machen.

Zwischen 1934 und 1936 hatte noch ein anderer Indianer Begegnungen mit einem Bigfoot. Der im

Chehalis-Reservat in der Nähe des Harrison River lebende Frank Dan hörte seinen Hund bellen und

> sah sich, als er nachschaute, plötzlich einem behaarten Riesen gegenüber. Seinen Angaben nach war das Wesen nackt und, abgesehen von den Bereichen rund um die Augen, von Kopf bis Fuß schwarz behaart. Es sei groß und muskulös gewesen und habe furchterregend ausgesehen. Nach einem kurzen Augenblick rannte Frank ins Haus und verriegelte die Tür. Unbehelligt trottete der Riese dann gemächlichen Schrittes in das nahegelegene Gebüsch und verschwand.

1936, während Dan mit dem Kanu auf dem Morris Creek, einem Zufluß des Harrison River, unterwegs war, klatschte plötzlich nahe am Boot ein Stein ins Wasser, der anscheinend den Uferhang hinabgerollt war. Als er aufschaute, sah er ein haariges Wesen mit einem großen Stein unter dem Arm, den es gleich danach auf das Kanu schleuderte. Da der Indianer nicht als Zielscheibe dienen wollte, paddelte er schnell davon.

Ebenfalls in British Columbia, in der Nähe von Bridesville, hatte Mrs. Jane Patterson wahrscheinlich im Jahr 1937 eine ungewöhnliche Begegnung mit einem Bigfoot im aufgegebenen Garten einer Ranch. Auf der Suche nach Rhabarber stand sie plötzlich einem behaarten Wesen gegenüber, das nur wenige Schritte von ihr entfernt saß. Sie sprach es an, aber es blinzelte nur, wahrscheinlich war es genauso überrascht wie sie. Es sei größer gewesen als sie, habe hellbraune Haare gehabt und wie ein Affe ausgesehen. Sie wich schließlich zurück und lief nach Hause. Die Reaktion ihres Mannes auf ihre Geschichte gibt man am besten mit ihren eigenen Worten wieder:

Ich wollte noch einmal zurück und erzählte meinem Mann von der Begegnung. Er entgegnete jedoch, er vermisse keinen Affen, also ginge er auch nicht dorthin. Drei Tage später sprach ich ihn wieder an ... er aber sagte wieder, er habe weder einen Affen verloren noch wolle er einen Affen sehen. Schließlich ging er aber doch mit mir hin, natürlich erst drei Tage später.

Einem Goldsucher, der 1939 in der Nähe von Borrego, Kalifornien, in der Wüste lagerte, näherten sich mehrere behaarte Gestalten. Sie besaßen helle Haare und glühend rote Augen, ein Merkmal, dem wir im weiteren Verlauf immer häufiger begegnen werden. Nach Einschätzung des Mannes hielt nur sein Lagerfeuer die Wesen davon ab, ihn anzugreifen. Im selben Jahr, es kann aber auch 1940 gewesen sein, beobachtete ein anderer Goldsucher namens Burns Yeomans eine merkwürdige Versammlung von Bigfoots in der Nähe von Silver Creek am Harrison Lake in British Columbia. John Green interviewte den Mann 1965, und die genauen Einzelheiten der Sichtung lassen sich in der Abschrift dieses Interviews nachlesen, die in Greens Buch *Sasquatch: The Apes Among Us* veröffentlicht wurde. Die Kreaturen wurden anscheinend von zwei Männern aus einer Entfernung von etwas mehr als einem Kilometer gesehen und konnten von ihnen etwa eine halbe Stunde lang beobachtet werden. Sie seien dunkel gefärbt gewesen, hätten auf zwei Beinen gestanden, jedoch nicht wie Bären ausgesehen. Sie seien etwa 2,10 Meter groß gewesen und hätten um die 200 Kilogramm gewogen. Insgesamt habe es sich um vier oder fünf Gestalten gehandelt, die in dem Tal miteinander gerungen hätten wie Menschen. Der eine habe den anderen niedergeworfen, der dann aber gleich wieder aufgesprungen sei.

4

Bigfoot ist unverwundbar: 1941 – 1960

Auch in den vierziger und fünfziger Jahren dieses Jahrhunderts wurde der Bigfoot immer wieder gesichtet. In den Jahren 1941–42 sahen eine ganze Reihe von Menschen in der Nähe des Mount Vernon, Illinois, einen »großen Pavian«, der zwar gejagt wurde, aber nie eingefangen werden konnte. In der Zeitschrift *Hoosier Folklore* sind einige Sichtungen detailliert beschrieben. Die erste ereignete sich am Gum Creek in der Nähe des Mount Vernon:

> ... Im Sommer 1941 jagte ein Prediger in den Wäldern am Fluß Eichhörnchen, als ganz in seiner Nähe ein Tier aus einem Baum sprang, das wie ein Pavian aussah. Als es aufrecht auf ihn zuging, schlug er mit dem Gewehrkolben nach ihm, konnte es aber erst in die Flucht schlagen, als er zwei Schüsse in die Luft abfeuerte.
>
> Später erschreckte das Tier viele Menschen des Gebiets durch seine furchterregenden Schreie, die es des Nachts in den tiefliegenden Waldgebieten entlang der Wasserläufe ausstieß. Schulkinder in den ländlichen Bezirken hörten es manchmal auch, und Jäger fanden seine Spuren. ... Im Frühjahr 1942 entschlossen sich die Bewohner des Gebiets schließlich, Jagd auf das Tier zu machen. Ein Farmer aus der Umgebung von Bonnie hatte berichtet, daß das Tier seinen Hund getötet habe. Daraufhin wurden Freiwillige für eine Treibjagd gesucht, bei der das Tier eingekreist werden sollte. Das Geschöpf mußte jedoch Wind davon bekom-

men haben, denn ab diesem Zeitpunkt tauchten Berichte auf, die besagten, daß es an anderen Flußläufen in etwa 60 bis 80 Kilometer Entfernung gesehen worden sei. Ein Mann, der eines Nachts am Big Muddy River im Jackson County entlangfuhr, sah das Wesen, als es die Straße überquerte. Einige Jäger fanden seine Spuren sogar drüben in Okaw. Diese schnellen Ortswechsel sind wahrscheinlich auch auf seine große Sprungkraft zurückzuführen. Angaben zufolge soll es sechs bis zwölf Meter weite Sätze machen können.

Etwa zu der Zeit, in der in Illinois der »Pavian« gesehen wurde, durchlebte Mrs. Jeannie Chapman knapp 3000 km weiter nordwestlich in British Columbia einen schrecklichen Nachmittag. Es war ein schöner Tag im September 1941, und sie befand sich zusammen mit ihren drei Kindern im Alter von 9, 7 und 5 Jahren in ihrem kleinen Haus, das etwas abgelegen in der Nähe von Ruby Creek am Frasier River in British Columbia lag. Als ihr ältester Sohn erzählte, er habe eine »Kuh« aus dem Wald kommen sehen, schaute sie nach und hielt das Wesen zunächst für einen Bären. Als es näher kam, bemerkte sie jedoch, daß es sich um einen riesigen behaarten Menschen mit breiten Schultern und langen Armen handelte, der weit über zwei Meter groß war. Seine Haare waren etwa zehn Zentimeter lang und hatten eine blasse, gelblichbraune Farbe. Als die Kreatur auf das Haus zuzukommen schien, griff Mrs. Chapman die verängstigten Kinder, entzog sie den Blicken des fremdartigen Geschöpfs und brachte sie ins sichere Dorf. Als George Chapman später an diesem Tag von der Arbeit nach Hause kam, fand er es verlassen. Als er überall riesige, ca. 40 cm lange Fußspuren fand, die denen eines Menschen glichen, und dann auch noch feststellte, daß jemand die Tür seines Holzschuppens eingeschlagen hatte, war er zunächst sehr beunruhigt. Dann aber entdeckte er die Fußabdrücke seiner Familie am Fluß, der der unheimliche Besucher anscheinend nicht gefolgt war. Nach der Flucht der Chapmans hatte sich der Bigfoot anscheinend auf dem Grundstück umgeschaut und ein 200 Liter-Faß mit gepökeltem Fisch aufgebrochen, den er dann in der Gegend verstreute. Nach diesem Vorfall kehrte der Bigfoot eine Woche lang jede Nacht zum Haus zurück, und obwohl er niemanden verletzte und auch nichts beschädigte, wurden seine Besuche der Familie schließlich zuviel, und sie verließ ihr Haus für immer.

Einer der seltenen Fälle, in denen ein Bigfoot einen Menschen umgebracht haben soll, ereignete sich 1943 in Dewilde's Camp bei Ruby in Alaska. Das Opfer war ein John Mire oder McQuire, von den dortigen Indianern auch »The Dutchman« (»der Holländer«) genannt. In der abgelegenen Ansiedlung lebte er allein mit seinen Hunden in einer Hütte. 1943 fuhr er eines Tages mit dem Boot ins nächste Dorf und erzählte dort von einem »Buschmann«, der ihn angegriffen hätte, von seinen Hunden aber verjagt worden sei. Nur kurze Zeit danach starb der »Holländer« jedoch an inneren Blutungen, die wahrscheinlich auf den Angriff zurückzuführen waren.

Stark an ein Leichtathletiktraining erinnern die Aktivitäten jenes Bigfoot, dem Alex Oakes in den frühen vierziger Jahren auf Vancouver Island in British Columbia begegnete. Die ca. 2,10 Meter große, braunbehaarte Kreatur wechselte vor ihm wieselflink über die Straße, als er in der Nähe seines Hauses in Coombes mit dem Auto unterwegs war, und übersprang die an beiden Seiten der Fahrbahn verlaufenden Zäune wie ein Hürdenläufer. Besonders fielen Oakes ihre etwa 15 cm langen Schulterhaare auf. Eine andere Sichtung auf einer Straße datiert aus dem Jahr 1947 und stammt von einem Paar, das auf dem alten Highway 99 südlich von Shasta

Die 1941 von der Familie Chapman nach wiederholten Besuchen eines Bigfoot verlassene Hütte bei Ruby Creek in British Columbia. (RD/FPL)

in Kalifornien unterwegs war. Sie sahen etwas, das sie zuerst für einen Pfosten neben der Straße hielten. In der Annahme, er signalisiere einen Fahrbahnschaden, stoppten sie, um nachzuschauen, ob die Straße vor ihnen in Ordnung war.

Dann überquerte der »Pfosten« jedoch die Fahrbahn, und sie mußten feststellen, daß sie es in Wirklichkeit mit einem 2,40 bis 2,70 Meter großen Geschöpf mit langer rötlichbrauner Behaarung zu tun hatten. Es kam zum Wagen und schaute hinein, ging dann über die Straße, starrte auf die Böschung und kehrte schließlich an seinen ursprünglichen Standort zurück, wo noch ein weiteres, ähnliches Wesen wartete, bei dem es sich nach Aussagen der Zeugen deutlich um ein Weibchen handelte. Das

Männchen half ihm über die Straße und auf die Böschung hinauf. Danach verschwanden sie Arm in Arm zwischen den Bäumen. Ein derartiges Verhalten offener Zuneigung zwischen zwei Bigfoots wurde bis jetzt nur sehr selten beobachtet. Die beiden schienen vor den Zuschauern keinerlei Furcht zu haben, und das Weibchen habe nicht einen Blick auf sie geworfen. War es vielleicht blind? Dies würde erklären, warum sich das Männchen so intensiv um es bemühte. Daraus wiederum ließe sich folgern, daß Bigfoots eher den Menschen als den Tieren zuzuordnen sind, da sich im allgemeinen nur Menschen um ihre kranken Artgenossen kümmern. Diese Schlußfolgerung ist jedoch rein spekulativ.

Eine weitere Sichtung wurde 1947 aus der Umgebung der Stadt Vancouver in British Columbia gemeldet. Auch sie fand an einer Straße statt. Bigfoots werden relativ häufig in der Nähe von Verkehrswegen gesehen. Mr. und Mrs. Werner waren mit dem Jeep unterwegs, als sie plötzlich zwei nackte Kreaturen sahen, bei denen es sich nicht um menschliche Wesen zu handeln schien. Ihre Beschreibung enthält mehrere Merkmale, die für einen Bigfoot eher untypisch sind. So seien die Wesen in »eine Art Haut gehüllt gewesen«; Berichte über bekleidete Bigfoots sind jedoch selten. Sie hätten zwar bloße Füße und schulterlange Haare gehabt, von vollständig behaarten Körpern ist in der Schilderung der Werners jedoch nicht die Rede. Eines der Geschöpfe habe einen Stock mit einer Tasche daran über der Schulter getragen und seinen kleineren Begleiter, dessen Hände eventuell gefesselt waren, allem Anschein nach geführt. Dies alles läßt zwar den Eindruck entstehen, daß es sich einfach um zwei irgendwie geistesgestörte oder aber schlichtweg Theater spielende Menschen gehandelt hat, aber die Werners sprechen auch davon, daß die beiden riesige Füße gehabt hätten und der Größere etwa 2,40 Meter, der Kleinere dagegen nur etwa 1,80 Meter groß gewesen sei.

Außerdem hätten sie flache, breite Nasen, kleine Augen und buschige Augenbrauen gehabt. Den Werners war der Bigfoot damals noch vollkommen unbekannt, und sie hielten die beiden Gestalten deshalb einfach für ziemlich verwildert aussehende Menschen. Angesichts der untypischen Merkmale läßt sich auch nicht mit Sicherheit sagen, ob sie wirklich Bigfoots gesehen haben. Falls doch, so scheint diese Kreatur Besonderheiten zu besitzen, die darauf hindeuten, daß sie mehr ist als nur eine unbekannte Affenart.

Ein ungeübter Beobachter kann zwar einen Grizzly, den er nur kurz und aus einiger Entfernung sieht, durchaus irrtümlicherweise für einen Bigfoot halten, dies erklärt jedoch nicht die zahlreichen detaillierten Schilderungen von Geschöpfen, bei denen es sich mit Sicherheit nicht um Grizzlybären handeln kann, zumal viele der Zeugen sehr gut in der Lage waren, einen Bären von einem Bigfoot zu unterscheiden. Einer von ihnen war der Indianer Clayton Mack aus British Columbia, ein angesehener Grizzly-Jäger und hervorragender Führer, wenn es um das Aufspüren von Großwild ging. In den vierziger Jahren sah er einen Bigfoot, während er mit einem Boot nach Quatna fuhr, wo er fischen wollte. 1967 beschrieb er den Bigfoot-Jägern John Green und René Dahinden, was er gesehen hatte:

> Ich sah dieses Wesen, als es am Strand herumlief: Es war hellbraun und aufgerichtet etwa 2,40 bis 2,70 Meter groß. Erst dachte ich, es sei ein großer Bär, aber dann bemerkte ich, daß es nie auf allen vieren lief. Ich sah zwar genau in seine Richtung, war aber 300 bis 400 Meter weit weg, so daß ich sein Gesicht nicht erkennen konnte. Ich war irritiert, weil es sich immer nur auf zwei Beinen fortbewegte. Das Geschöpf stand jetzt genau am Wasser. Es richtete sich auf und schaute

zu mir herüber. Dann drehte es sich um und lief auf einige angeschwemmte Baumstämme zu. Als es etwa die Hälfte der Strecke zurückgelegt hatte, stoppte es wieder, wandte sich mir erneut zu und drehte dann den Kopf. Einen Grizzlybären habe ich niemals auf den Hinterbeinen stehen und nur seinen Kopf auf diese Weise drehen sehen. Sie drehen immer den ganzen Körper herum und lassen sich dabei auf allen vier Beinen nieder. Wie dem auch sei, danach lief das Geschöpf endgültig zu den Stämmen hinüber und kletterte auf sie hinauf. Schließlich verschwand es am Ufer zwischen den Bäumen, und beim Gehen bog es die noch jungen Tannen und Fichten mit seinen Armen auseinander.

Nicht lange nach dem weiter vorn aufgeführten Bericht aus dem Jahr 1947 über Bigfoots, die möglicherweise Kleider trugen, kam es etwa 1950 zu einer ähnlichen Sichtung. Augenzeuge war ein zehn Jahre altes Mädchen, das sein Erlebnis später per Brief dem Biologen und Autor Ivan T. Sanderson mitteilte, nachdem es einen seiner Artikel über den Bigfoot gelesen hatte. Hier der wichtigste Teil dieses Briefes:

Wann: Vor etwa neun Jahren, um zehn Uhr morgens. Wo: In der Nähe des Eel River bei Eureka in Kalifornien, am Rand einer Wiese nahe am Flußufer. Die Umstände: Meine Familie und ich fischten am Eel River. Wir befanden uns bereits seit zwei Wochen in der Gegend, hatten aber beim Angeln kein Glück. Vor dem Frühstück machte ich immer einen kurzen Spaziergang zu einer wunderschönen Wiese, die etwa ein bis zwei Kilometer von unserem Lager entfernt lag. Ich liebte es, den Morgennebel langsam aus dem Gras aufsteigen zu sehen. Ich war damals gerade zehn Jahre alt, und die Natur faszinierte und begeisterte mich. Schließlich kam ich an der Wiese an und überquerte sie, um zu einem kleinen Hügel auf der anderen Seite zu gelangen. Als ich mich dem Fuß des Hügels näherte, hörte ich ein Geräusch. Es klang wie Schritte, und ich war überzeugt, daß mein kleiner Bruder mir gefolgt war, um mir im Gras aufzulauern und mich zu erschrecken. »OK, du Stinktier, ich weiß, daß du da bist!« rief ich. Das Wesen, das dann erschien, sah aber keineswegs wie mein Bruder aus. Seinen Anblick werde ich mein Leben lang nicht vergessen. Als es aus den Büschen trat, gefror mir das Blut in den Adern. Es war knapp zweieinhalb Meter groß, und seine braune Behaarung wirkte nicht wie Fell, sondern eher wie weicher Flaum. Es hatte kleine, eng beieinanderliegende und rot unterlaufene Augen. Seine Nase war breit und flach. Es hatte ein großes Maul mit den unheimlichsten Reißzähnen, die ich je gesehen habe. ... Es hatte die Gestalt eines Menschen, und seine Hände und Füße waren zwar enorm groß, glichen aber ebenfalls denen eines Menschen. Aber da war noch etwas, das Merkwürdigste und Unheimlichste von allem: Das Wesen trug Kleider! Ja, Sie haben richtig gelesen. Sie waren zwar schäbig und zerrissen und bedeckten kaum seine Blöße, aber sie waren vorhanden. Das Geschöpf stieß ein schreckliches Knurren aus, das sicherlich von keinem anderen Lebewesen imitiert werden kann. Glauben Sie mir, ich drehte mich um und rannte so schnell ich konnte. Vollkommen ausgepumpt erreichte ich unser Lager und lebte die ganze Zeit, die wir dort noch verbrachten, in ständiger Angst.

Diese Phantomzeichnung des Sasquatch fertigte der Zoologe Ivan T. Sanderson 1970 an. *(FPL)*

Wenn der Bigfoot – und die in diesem Brief beschriebene Kreatur scheint tatsächlich ein Bigfoot gewesen zu sein – so hervorragend an das Leben in der Wildnis angepaßt ist, wie aus den meisten Schilderungen hervorgeht, wozu benötigt er dann zerrissene Kleidung? Unsere einzige Erklärung dafür ist, daß das Mädchen etwas ganz Außergewöhnliches gesehen haben muß: einen Bigfoot, der die alten Kleider irgendwo gefunden und angezogen hatte, um das Verhalten des Menschen zu kopieren. Die Tatsache, daß die Kleider »kaum seine Blöße bedeckten«, läßt darauf schließen, daß ihr vorheriger Besitzer wesentlich kleiner und ein Mensch gewesen sein muß.

Der bekleidete Bigfoot war dem kleinen Mädchen so nahe gekommen, daß er sie leicht hätte verletzen können, wenn er gewollt hätte. Aber trotz seines schrecklichen Knurrens blieb er auf Distanz. Ein anderer Bigfoot, der 1952 eines Nachts in der Nähe von Orleans in Kalifornien gesehen wurde, verhielt sich zwar zweifellos bedrohlich, griff aber ebenfalls nicht an, selbst als er sich Auge in Auge mit dem Zeugen befand. Als dieser seine Faust hob, wich er sogar zurück. Wenn der Bigfoot wirklich nicht angreifen wollte, weshalb legte er dann ein derart furchteinflößendes Verhalten an den Tag? War alles nur ein Spiel? Wollte der Bigfoot dem Menschen etwas mitteilen? Oder wollte er ihn gar entführen? Letzteres erscheint unwahrscheinlich, denn obwohl die Gelegenheit günstig war, ließ er sie verstreichen. Der Zeuge schickte einen Bericht über den Vorfall an den Bigfoot-Jäger Roger Patterson und wurde später auch von John Green befragt, der ihn für glaubwürdig hielt.

> Vor einiger Zeit las ich einen Artikel von Ivan T. Sanderson über ein Bigfoot genanntes Monster, das im nördlichen Kalifornien gesehen wurde. Als ich den Bericht las, wurde mir schlagartig bewußt, daß auch ich diesem Wesen schon einmal begegnet war. Je deutlicher das Erlebnis wieder aus dem Unterbewußtsein hervortrat, desto stärker konnte

ich mich daran erinnern, was im einzelnen geschehen war. Die Erinnerung trieb mir einen Schauer über den Rücken.

Der erste Teil der Geschichte ereignete sich im Jahr 1952, als ich nach Orleans gegangen war, um zusammen mit zwei Männern namens Lee Vlery und Josh Russel mit den Vorarbeiten für ein Holzfällprojekt zu beginnen. Eines Abends teilte Josh mir mit, daß Lee nach Happy Camp gefahren war, aber keine Rückfahrgelegenheit hatte. Er bat mich deshalb, den Mercury zu nehmen und ihn abzuholen. Als ich die extrem kurvige und gefährliche Straße hinauf nach Happy Camp hinter mich gebracht hatte, konnte ich ihn dort allerdings nirgends finden und machte mich unverrichteter Dinge wieder auf den Heimweg.

Es hatte sehr stark geregnet, und als ich einige Kilometer gefahren war, mußte ich feststellen, daß die Straße in der Zwischenzeit von einem Erdrutsch verschüttet worden war. Ein Mann, der mit einer Taschenlampe an der Stelle stand, erklärte mir, daß ich aber trotzdem zurück nach Orleans gelangen könnte; dazu müßte ich aber einen Umweg über den Fluß machen und die sumpfige Straße durch das Bear Valley nehmen. Dann würde ich an der Mündung des Bluff Creek einige Kilometer von Orleans entfernt herauskommen.

Ich war auf der angegebenen Straße in langsamem Tempo bereits über 30 km gefahren und träumte vor mich hin, als ich es sah ... im vom Regen getrübten Scheinwerferlicht zeichnete sich der zottige und geisterhafte Umriß eines orangutanartigen Wesens ab. Für einen Moment hatte ich den Eindruck, daß das struppige Haar der Kreatur durch die Scheinwerfer blaugrau schimmerte. »Mein Gott, ein Ungeheuer!« fuhr es mir durch den Kopf, als das Wesen blitzschnell wieder zurücklief und hinter einem Baum verschwand. Ich tat das Ganze automatisch als Sinnestäuschung ab und fuhr sofort wieder los.

Plötzlich und ohne Vorwarnung geriet das Auto fürchterlich ins Schleudern. Ich brachte es jedoch wieder unter Kontrolle und schaute aus irgendeinem Grund in den Rückspiegel. Im trüben Licht der Rücklichter und der Nummernschildbeleuchtung meinte ich ein grimmig aussehendes Gesicht zu sehen, das durch das Rückfenster schaute. Ich fuhr einfach weiter, und als ich kurz danach erneut in den Spiegel sah, war das Gesicht verschwunden. Wieder schrieb ich das Gesehene meiner Einbildung zu.

Etwa einen halben Kilometer weiter war ein junger Baum auf die Straße gestürzt. Ich hielt an und stieg aus, um ihn beiseite zu schieben. Plötzlich hörte ich etwas durch die Luft fliegen und auf der Straße landen. Die Wirklichkeit hatte mich eingeholt, und ich verfluchte mich dafür, daß ich die vorangegangenen Erscheinungen ins Reich der Fabel verwiesen hatte. Das zottige, menschenähnliche Monster, das ich in den Scheinwerfern gesehen hatte, war wieder da.

Es begann sofort, mich zu umkreisen, und stieß dabei ein furchterregendes Knurren aus. Sein Verhalten wirkte äußerst bedrohlich. Es schlich noch einige Zeit weiter um mich herum und kam mir dabei einmal beängstigend nahe. Nun konnte ich sein Gesicht, das ich vorher im Scheinwerferlicht nur sehr verschwommen gesehen hatte, besser erkennen. Die Augen waren rund und leuchteten, und die Haare auf seinem tiefliegenden und runden Kopf waren auffallend kurz. Seine Eckzähne waren viel länger als die eines Menschen.

Die Brust und generell der gesamte obere Teil seines Torsos waren kaum behaart und wirkten wie mit Leder bespannt. Das Wesen war nicht sehr groß, kaum größer als ich mit meinen 1,60 Metern, nahm allerdings eine gebeugte Körperhaltung ein und ließ seine Arme lang herunterhängen.

Jetzt änderte es unvermittelt seine Taktik. Es lief zuerst die Straße hinunter, raste dann aber, sobald ich versuchte, zum Auto zu gelangen, wieder auf mich zu. Der Tag war fortgeschritten, das Wesen wurde immer aggressiver, und ich war mittlerweile vor Angst wie gelähmt. Irgend etwas mußte passieren. Und plötzlich hatte ich einen Fluchtplan vor Augen, quasi aus Verzweiflung geboren. Da das Monster anscheinend der Meinung war, mich ganz sicher zu haben, weshalb sollte ich dann nicht, sobald es wieder die Straße hinunterlief, um sein Katz-und-Maus-Spiel zu beginnen, zum Auto sprinten und versuchen, den nicht sehr starken Stamm zu durchbrechen? Gesagt, getan. Sobald sich das Wesen wieder von mir entfernte, sprang ich zum einige Meter entfernt stehenden Wagen, riß die Tür auf, setzte mich hinein und schlug die Tür wieder zu. Keinen Augenblick zu früh, denn die Bestie war bereits da und versuchte, durch das Fenster zu greifen. Ich haute den Gang rein, drückte das Gaspedal durch und kann mich noch lebhaft daran erinnern, wie hell der nasse Stamm im Scheinwerferlicht glitzerte, als er vom Auto zur Seite geschleudert wurde.

Ins Gedächtnis gebrannt hat sich mir aber auch der schreckliche Schrei, den das Scheusal vor Wut und Ärger ausstieß. Es war ein merkwürdiges, trompetendes Gebrüll, wie der Schrei eines Hengstes und das Röhren eines wütenden Grizzlys. Danach krallte sich das Wesen am Auto fest und versuchte, es aufzuhalten, aber der Mercury erwies sich als stärker, und nach einigen Metern spürte ich keinen Widerstand mehr.

Und ob Sie es glauben oder nicht, um dem Ganzen noch die Krone aufzusetzen, konnte ich mich an dieses Erlebnis schon kurz danach nicht mehr erinnern. Es wurde sofort aus meinem Gedächtnis gelöscht. Am nächsten Tag, als Lee mich fragte, ob ich auf dieser Straße etwas Ungewöhnliches bemerkt hätte, hatte ich mein Abenteuer schon vergessen. Lee war im übrigen tags zuvor doch noch aus Happy Camp zurückgekommen; er hatte sich von einem Mann nach Orleans fahren lassen.

Ein paar Tage später ereignete sich ein Vorfall, der die Erinnerung eigentlich hätte zurückbringen müssen, es aber nicht tat. Lee fand im Kühlergrill des Autos einen großen Zahn und fragte mich, wie er dort hingekommen sei. Ich zuckte nur mit den Schultern. Lee erzählte dann, daß auf der Umleitung irgend etwas versuchte habe, ihren Wagen von der Straße zu stoßen. »Irgend etwas stimmt in dieser Gegend nicht«, murmelte er noch, ließ die Sache dann aber auf sich beruhen.

Ein Bigfoot, der am 1. August 1955 in Georgia gesehen wurde, verhielt sich gegenüber den Zeugen äußerst aggressiv, eventuell zur Selbstverteidigung, vielleicht aber auch aus Rache. Der 21 Jahre alte Joseph Whaley befand sich an diesem Tag allein am Highway Bronwood – Smithville in der Nähe des Ortes Kinchafoonee Creek und mähte Gras und Gestrüpp mit einer Sense. Als er ein merkwürdiges Geräusch hörte, ging er tiefer in den Wald, um nachzuschauen. Plötzlich stand er einer mindestens 1,80 Meter großen Kreatur mit »zottigen grauen Haaren« gegenüber. Sie habe »stoßzahnartige

Zähne und spitze Ohren« gehabt und ihn an einen Gorilla, aber auch an einen Menschen erinnert. Als sie auf ihn zugegangen sei, habe sie »gegrunzt wie ein Wildschwein«. Der natürlich zu Tode erschrockene Whaley schlug mit der Sense nach dem Wesen und traf es an der Brust und an den Armen. Als es sich dadurch nicht aufhalten ließ, flüchtete er zu seinem Jeep, um über Funk Hilfe zu holen. Er kam jedoch nicht durch, und bevor er den Wagen starten und losfahren konnte, hatte ihn das Wesen bereits erreicht, ihm Arm und Schulter zerkratzt und sein Hemd zerrissen. Er sprang wieder aus dem Jeep, um das Fahrzeug zwischen sich und die Kreatur zu bringen, und lief dann erneut in den Wald, um seinen Verfolger, den er als »schwerfällig und langsam« schilderte, abzuschütteln. Schließlich raste er wieder zurück zum Jeep. Bevor ihn das unbekannte Geschöpf einholen konnte, hatte er das Auto gestartet und war davongerast. Angesichts der zahllosen Berichte, in denen der Bigfoot als athletisch und schnell geschildert wird, scheint es sich bei diesem »schwerfälligen und langsamen« Wesen um alles andere gehandelt zu haben, nur nicht um einen Bigfoot. Andererseits passen die beschriebenen körperlichen Merkmale sehr genau. Hier zeigt sich wieder einmal, daß das Phänomen Bigfoot voller Widersprüche steckt.

Da sich dieses Buch auf Sichtungen des Bigfoot konzentriert, haben wir Fälle, in denen man zwar seine Spuren (gewöhnlich Fußabdrücke) gefunden, die Kreatur selbst aber nicht zu Gesicht bekommen hat, nicht berücksichtigt. Bei einem Fall sind wir jedoch der Meinung, ihn aufführen zu müssen, auch wenn der Bigfoot selbst nicht gesehen wurde. Als sie am 14. oder 21. August 1955 in der Nähe von Dogtown in Indiana im Ohio River schwamm, hatte die Zeugin Darwin Johnson ein wirklich unheimliches Erlebnis, und alle Anzeichen sprechen dafür, daß es ein Bigfoot war, der sie dermaßen in Angst und Schrecken versetzte. Als sie etwa fünf Meter vom Ufer entfernt war, griff plötzlich eine pelzige Hand nach ihrem Bein und zog sie unter Wasser. Sie schrie und strampelte und griff dabei nach dem Schwimmreifen ihrer Freundin, bis die Hand sie schließlich losließ. Zurück an Land fand Mrs. Johnson mehrere Kratzer an ihrem Bein. Außerdem bemerkte sie einen grünen Fleck in Form einer Hand, der mehrere Tage lang zu sehen war. Nachdem über den Vorfall in der Zeitung berichtet wurde, meldeten sich mehrere Personen, die zur gleichen Zeit über dem Fluß etwas »leuchtend Ovales« am Himmel gesehen haben wollten. Dies ist einer der etwa dreißig Fälle in unserem Archiv, in denen Bigfoots mit UFOs in Zusammenhang gebracht werden. Eine derart kleine Anzahl kann zwar einerseits kaum als stichhaltiger Beweis dafür gewertet werden, daß Bigfoots und UFOs in irgendeinem Zusammenhang stehen. Aber vielleicht gibt es doch einige Fälle, in denen tatsächlich Verbindungen zu unbekannten Flugobjekten bestehen.

Die bekannteste Bigfoot-Sichtung aus den fünfziger Jahren ist wahrscheinlich die von William Roe am Mica Mountain in British Columbia. Auf Bitte John Greens schrieb er sämtliche Einzelheiten nieder und gab sogar eine eidesstattliche Erklärung ab, in der er bestätigt, daß seine Geschichte der Wahrheit entspricht. Roes Sichtung ist deshalb interessant, weil er dem Wesen sehr nahe kam und es aus seinem Versteck heraus lange und genau beobachten konnte.

> Schon als kleiner Junge habe ich in den Wäldern von Michigan das Leben und das Verhalten wilder Tiere studiert. Auch später, als ich meine Familie im Norden von Alberta durch Jagen und Fallenstellen unterstützte, verbrachte ich viele Stunden damit, Tiere zu beobachten. Sie faszinierten mich.

Die unglaublichste Begegnung mit einem Lebewesen der Wildnis hatte ich jedoch in der Nähe des kleinen Ortes Tete Jaune Cache in British Columbia, etwa 13 km westlich von Jasper, Alberta.

Ich hatte etwa zwei Jahre am Highway in der Nähe von Tete Jaune Cache gearbeitet. Als ich im Oktober 1955 etwas Zeit hatte, entschloß ich mich, zu einer alten Mine zu wandern, die ungefähr acht Kilometer entfernt am Mica Mountain lag. Der Anstieg bereitete mir keine Schwierigkeiten, und etwa um drei Uhr nachmittags hatte ich die Mine erreicht. Ich hatte gerade niedriges Buschwerk durchquert und war auf eine Lichtung getreten, als ich im Gebüsch auf der anderen Seite etwas sah, das ich zuerst für einen Grizzly hielt, denn in der Nähe hatte ich im Jahr zuvor einen erlegt. Dieser war zwar nur etwa sechzig bis siebzig Meter entfernt, ich hatte aber trotzdem nicht vor, ihn zu erschießen, denn ich wußte nicht, wie ich ihn danach aus dem dichten Gebüsch abtransportieren sollte. So setzte ich mich mit dem Gewehr in der Hand auf einen Felsen und beobachtete ihn.

Ich konnte von dem Tier zuerst nur einen Teil seines Kopfes und seiner Schulter erkennen, dann aber erhob es sich und trat ins Freie. Ich erstarrte, denn es war keineswegs ein Bär.

Im folgenden werde ich versuchen, Aussehen und Verhaltensweisen des Wesens, das jetzt über die Lichtung geradewegs auf mich zukam, so gut wie möglich zu beschreiben. Mein erster Eindruck war der eines extrem massigen Menschen, über 1,80 Meter groß, fast einen Meter breit, mit einem Gewicht von bestimmt fast 150 Kilogramm. Es war von Kopf bis Fuß mit dunkelbraunen Haaren bedeckt, die silberne Spitzen aufwiesen. Als es näher kam, bemerkte ich, daß ich ein Weibchen vor mir hatte, denn das Wesen besaß Brüste. Sein Torso war allerdings nicht wie der einer Frau geformt, sondern verlief von den Schultern bis zur Hüfte in einer geraden Linie. Seine Arme waren viel dicker und länger als die eines Menschen und reichten fast bis zu den Knien hinunter. Seine Füße waren im Verhältnis viel breiter als die eines Menschen. Sie waren vorne etwa 10 bis 12 cm breit und verjüngten sich dann zu den wesentlich schmaleren Hacken. Beim Gehen setzte das Geschöpf zuerst den Hacken auf, und ich konnte die graubraune Haut an seinen Sohlen erkennen. Es kann sich allerdings auch um Fell gehandelt haben.

Es kam bis an den Rand des Gebüschs, in dem ich mich versteckt hielt, und hockte sich in etwa sechs Metern Entfernung auf sein Hinterteil. Mit den Händen zog es die Zweige zu sich heran und streifte mit seinen Zähnen die Blätter ab. Während es fraß, kräuselten sich seine Lippen sehr beweglich um die abgerupften Blätter. Ich war dem Wesen so nahe, daß ich dessen weiße und gerade Zähne erkennen konnte.

Der Kopf der Kreatur ähnelte in seiner Form etwa dem eines Schwarzen; er war hinten etwas höher als vorne. Die Nase war breit und flach. Lippen und Kinn traten stärker hervor als die Nase. Aber dadurch, daß das Wesen außer um Mund, Nase und Ohren herum vollständig behaart war, glich es genausosehr einem Tier wie einem Menschen. Die Haare waren nirgendwo länger als zwei bis drei Zentimeter, im Gesicht sogar wesentlich kürzer. Seine Ohren waren geformt wie die eines Menschen. Die Augen hingegen waren klein und schwarz wie bei einem Bären. Auch sein Hals hatte nichts Menschenähnliches. Er war wesentlich dicker und kürzer.

Als ich die Kreatur beobachtete, fragte ich mich, ob hier eventuell ein Film gedreht wurde und ich einen Schauspieler vor mir sitzen sah, den der Maskenbildner in ein Wesen halb Tier und halb Mensch verwandelt hatte. Je länger ich ihm jedoch zusah, desto mehr kam ich zu der Überzeugung, daß man eine solche Spezies unmöglich nachahmen konnte. Später erfuhr ich zudem, daß in dieser Gegend ohnehin kein Filmteam unterwegs gewesen war. Nach Angaben der Bewohner von Tete Jaune Cache lebte am Mica Mountain auch sonst niemand.

Schließlich mußte das Wesen dann doch meine Witterung aufgenommen haben, denn durch eine Öffnung im Gebüsch schaute es mich jetzt direkt an. Über sein Gesicht glitt ein Anflug von Überraschung. Es schaute in diesem Moment so komisch drein, daß ich lächeln mußte. Immer noch in geduckter Position, wich es drei oder vier kurze Schritte zurück, richtete sich dann zu voller Größe auf und ging schnell den Weg zurück, den es gekommen war. Einmal schaute es mich noch kurz über die Schulter hinweg an, nicht eigentlich ängstlich, sondern eher so, als ob es keinen Kontakt mit etwas Fremdem wolle.

Mir kam der Gedanke, daß ich Wissenschaftlern weltweit sicherlich einen großen Dienst erweisen würde, wenn ich dieses Geschöpf erlegen würde. Ich hatte bereits Geschichten über den Sasquatch gehört, den riesigen behaarten Indianer aus den Legenden der Indianer British Columbias, von dem viele behaupten, daß er auch heute noch lebte. »Vielleicht war dies ja ein Sasquatch«, murmelte ich vor mich hin.

Ich legte das Gewehr an. Das Geschöpf entfernte sich schnellen Schrittes von mir und schaute sich noch einmal um. Ich ließ das Gewehr sinken. Wenngleich ich in diesem Bericht immer von einem »Wesen« spreche, fühlte ich in diesem Augenblick, daß es ein Mensch war. Ich hätte es mir nie verziehen, wenn ich es oder ihn erschossen hätte.

Als es das Gebüsch auf der anderen Seite wieder erreicht hatte, warf das Geschöpf seinen Kopf zurück und stieß einen merkwürdigen Laut aus, halb Gelächter und halb Sprache, den ich nur als eine Art Wiehern bezeichnen kann. Vom Gebüsch bewegte es sich dann weiter zu einer Gruppe von Kiefern.

Ich trat auf die Lichtung hinaus und schaute über einen kleinen Geländerücken direkt hinter den Kiefern, um von dem Wesen vielleicht noch einen Blick zu erhaschen. Schließlich sah ich es in ungefähr zweihundert Metern Entfernung auf eben diesem Rücken stehen. Es warf erneut den Kopf zurück und stieß die oben beschriebenen Laute aus, jenen gelächterartigen Ton, von dem ich nicht wußte, was er bedeuten sollte. Danach verschwand das Wesen aus meinem Blick, und ich habe es nicht wiedergesehen.

Da ich herausfinden wollte, ob es nur vegetarisch lebte oder sich auch von Fleisch ernährte, hielt ich auf dem Boden nach Exkrementen Ausschau. An fünf Stellen wurde ich fündig, und trotz sorgfältiger Untersuchung konnte ich weder Tierhaare noch Panzer von Käfern oder anderen Insekten finden. Es scheint sich also nur von Pflanzen zu ernähren.

Unter einem Baum fand ich eine Schlafstelle, die das Wesen mehrere Nächte benutzt haben mußte. Obwohl die Nächte am Berg kühl sind, speziell in dieser Jahreszeit, hatte es kein Feuer angezündet. Ich habe auch keine Anzeichen für den Gebrauch selbst einfachster Werkzeuge gefunden. Auch von eventuellen Artgenossen war weit und breit nichts zu sehen.

Ob es ein Sasquatch war, weiß ich nicht. Solange man kein anderes aufspürt, wird das Wesen für mich immer ein Rätsel bleiben.

Ich erkläre hiermit, daß ich mich nach besten Kräften bemüht habe, mich genau zu erinnern, und daß diese Schilderung in allen Teilen voll und ganz der Wahrheit entspricht.

William Roe

Obwohl der Mensch so plötzlich vor ihm aufgetaucht war, hatte dieser Bigfoot an einer Entführung offensichtlich kein Interesse. Ganz im Gegensatz zu jenem Artgenossen, der im Mai 1956 in der Nähe von Marshall in Michigan gesehen wurde. Otto Collins und Philip Williams wurden nach eigenen Angaben von der riesigen behaarten Kreatur, die grüne Augen »so groß wie Glühlampen« hatte und »nach Verwesung« stank, unter die Arme geklemmt und erst wieder losgelassen, als ihr Kollege Herman Williams nach seinem Gewehr griff. Vielleicht wußte der Bigfoot tatsächlich, welch eine Gefahr die Waffe für ihn bedeutete, denn er ließ die beiden fallen und ergriff die Flucht.

Ob er die beiden Männer wirklich entführen wollte, bleibt unklar. Vielleicht wollte er ihnen auch nur einen Schrecken einjagen. Die Absichten des Bigfoot, der im Herbst 1957 beim Wanoga Butte nahe Bend in Oregon gesichtet wurde, lagen dagegen klar auf der Hand. Gary Joanis und Jim Newall waren auf der Jagd, und Joanis hatte gerade einen Hirsch geschossen. Bevor er ihn jedoch erreicht hatte, betrat ein ca. 2,70 Meter großes, haariges Wesen die Lichtung, griff sich den Hirsch und trug ihn unter dem Arm davon. Der wütende Joanis schoß der flüchtenden Kreatur daraufhin mehrere Kugeln in den Rücken, die aber anscheinend keinerlei Auswirkungen hatten, es sei denn, der »merkwürdige pfeifende Laut«, den das Wesen ausgestoßen haben soll, ist als Schmerzensschrei zu interpretieren. Es setzte seine Flucht fort, und Joanis blieb schließlich nichts anderes übrig, als es ziehen zu lassen.

Weitere erfolglose Schüsse fielen im Oktober 1959 bei Ten Mile westlich von Roseburg in Oregon. Wayne Johnson und Walter Stork, zwei Jungen im Alter von 12 und 17 Jahren, hatten ihre Gewehre geholt, nachdem sie in der Nähe einer verlassenen Sägemühle einen Bigfoot gesehen hatten. Er tat ihnen den Gefallen und tauchte wieder auf, ging aber dann zum Angriff über, worauf die beiden auf ihn schossen. Der Siebzehnjährige, der dem Vernehmen nach ein sehr guter Schütze war, traf zwar einige Male ins Ziel, die Kreatur ließ sich davon jedoch nicht aufhalten, wenngleich sie zweimal in die Knie ging. Später fragten sich die beiden Jungen, ob das Wesen sie vielleicht einfach nur von seinem Territorium verscheuchen wollte. Es sei mit ausgestreckten Armen hinter ihnen hergelaufen, als ob es sie habe zusammentreiben wollen, holte sie aber nicht ein, obwohl es dies wahrscheinlich mühelos hätte schaffen können, denn es sei, so schätzten sie, über vier Meter groß gewesen! (Ob die beiden erschreckten Jungen da nicht etwas übertreiben ...) Plötzlich brach es die Verfolgung ab; die beiden konnten jedoch nicht feststellen, in welche Richtung es verschwand. Der Bigfoot-Forscher Bob Titmus, der zwei Tage später am Ort des Geschehens eintraf, fand einige merkwürdige Fußspuren. Sie waren zwar nur etwa 30 cm lang, im Bereich der fünf Zehen, an denen sich im übrigen keinerlei Klauen oder Krallen feststellen ließen, jedoch über 20 cm breit. An sumpfigen Stellen hatten sich die Spuren bis zu 35 cm tief in den Boden eingedrückt, Titmus schaffte dagegen nur Abdrücke von 6 bis 8 cm Tiefe.

Falls sich das Verhalten des Ten Mile-Bigfoots tatsächlich auf die Verteidigung seines Territoriums zurückführen läßt, könnte das vielleicht auch die Reaktion eines Artgenossen erklären, der im Herbst 1959 für einen kurzen Augenblick am Hidden Lake im Okanagan Valley in British Columbia beobachtet wurde. Mr. und Mrs. Bellvue zelteten dort, als Mrs. Bellvue eines Abends beim Sammeln von Feuerholz plötzlich fühlte, daß sie beobachtet wurde. Als sie sich umschaute, sah sie in etwa 15 Meter Entfernung eine über 1,80 Meter große, menschenähnliche Gestalt stehen, die zum Teil von einem Baum verdeckt wurde. Mit Ausnahme von Teilen seines Gesichts sei das Wesen am ganzen Körper mit rostroten Haaren bedeckt gewesen und habe ein schlitzartiges Maul besessen. Auffallend seien außerdem die extrem flache Nase und die fliehende Stirn gewesen. Als Mrs. Bellvue zum Zelt zurückkehrte, beobachtete sie das Wesen die ganze Zeit über weiter. »Ich glaube, ich sollte gar nicht bemerken, daß es da war«, meinte sie später. Ihrem Mann erzählte sie das Erlebnis zuerst nicht, während der Nacht hatte sie aber plötzlich das Gefühl, daß sie verschwinden sollten. So schilderte sie ihm die Begebenheit doch noch, worauf er entgegnete, daß er das gleiche Gefühl bereits den Tag zuvor gehabt habe. Als sie am nächsten Tag ihre Sachen packten, hörten sie, wie sich etwas allmählich von ihrem Lagerplatz entfernte.

Wie die nächsten Kapitel zeigen werden, schienen sich die Bigfoot-Aktivitäten in den sechziger und siebziger Jahren zu verstärken. Diese augenscheinliche Steigerung ist teilweise sicherlich auch auf das stärker werdende Interesse des Menschen an dieser Kreatur zurückzuführen. Immer mehr Sichtungen fanden ihren Weg in die Presse, und Bigfoot-Forschern bleiben derartige Artikel heutzutage kaum noch verborgen. Vor 1960 verschwanden viele dieser Berichte dagegen unbemerkt in der Versenkung, so daß es in alten Zeitungsarchiven sicherlich noch viele wichtige Informationen zu entdecken gibt. Einige davon, aber wahrscheinlich bei weitem noch nicht alle, wurden von den Forschern bereits aufgespürt. Wenngleich also ab 1960 zu einer wesentlich größeren Zahl von Bigfoot-Sichtungen Einzelheiten vorliegen, muß das nicht unbedingt bedeuten, daß der Bigfoot seit diesem Zeitpunkt auch häufiger gesehen wird.

Der erste erwähnenswerte Bericht aus den Sechzigern schildert eine merkwürdige und unheimliche Begegnung in der Nähe von Davis in West Virginia. Eine Gruppe junger Männer zeltete im Sommer im Freien, und einer von ihnen hatte sich des Abends entfernt, um Feuerholz zu schlagen. Nach dem Bericht des Hauptaugenzeugen zu urteilen, müssen sich die anderen ganz in der Nähe befunden haben, als das Unheimliche geschah. Als ihm jemand einen Rippenstoß versetzte, dachte der junge Mann natürlich, es sei einer von seinen Freunden. Als er sich jedoch umdrehte, stand er statt dessen einem »schrecklichen Monster« gegenüber. »Es hatte zwei riesige Augen, die in der Dunkelheit wie Glühlampen leuchteten. Es war knapp 2,50 Meter groß und hatte am ganzen Körper zottige, lange Haare. Es stand nur da und starrte uns an. Seine Augen standen auffallend weit auseinander.« Schließlich verschwand das Wesen wieder und hinterließ als Beweis seines Besuchs riesige Fußspuren. Es hatte den Jungen zwar kein Leid angetan, nach diesem Vorfall verspürten sie jedoch keine große Lust mehr, weiter am Ort zu bleiben, und brachen am nächsten Tag ihre Zelte ab.

In West Virginia fand 1960 eine weitere mysteriöse Sichtung statt, bei der vielleicht sogar dasselbe Wesen beobachtet wurde. Es geschah im Oktober im Monongahela National Forest in der Nähe von Marlington. W. C. »Doc« Priestley folgte mit seinem Auto einem Bus, in dem einige Freunde von ihm saßen. Das Fahrzeug, das sich bis dahin normal verhalten hatte, stotterte plötzlich und hielt an. Gleichzeitig bemerkte Priestley ein »Monster mit langen, steil abstehenden Haaren«, das am Straßenrand stand. »Ich weiß nicht, wie lange ich dort festgesessen habe, aber meine Kumpel haben mich schließlich wohl doch vermißt und sind zurückgefahren. Vor dem Bus schien das Monster eine Menge Angst zu haben, denn seine Haare, die bis dahin steil in die Höhe gestanden hatten, fielen in sich zusammen, und im selben Augenblick begann zu meiner großen Überraschung mein Auto wieder zu laufen. Ich erzählte den Jungs nicht, was ich gesehen hatte, und als der Bus anhielt, verschwand das Ding.« Priestley folgte wieder dem Bus, bald aber machte sein Auto erneut Probleme. »Ich konnte sehen, wie die Funken wie bei einem Kurzschluß unter der Motorhaube hervorstoben. Und ob Sie es glauben oder nicht, das Monster stand wieder am Straßenrand. Die Kontakte meines Autos waren vollkommen durchgebrannt.« Wieder kehrte der Bus um und verscheuchte den Bigfoot, diesmal endgültig. Die offensichtliche Fähigkeit einiger Bigfoots, die Funktion elektromagnetischer Anlagen zu beeinträchtigen, läßt die Frage aufkommen, ob es sich um physische oder nicht-physische Wesen handelt.

5

Die Monsterhysterie beginnt: 1961 – 1965

Was Sichtungen von Bigfoots angeht, begannen die sechziger Jahre eher ruhig, wenngleich sich im Jahr 1961 ein interessanter Fall abspielte. Mit ein paar Freunden ging Larry Martin eines Abends einen Hirsch bergen, den einer von ihnen in der Nähe von Alpine in Oregon geschossen hatte. Als sie jedoch an die Stelle kamen, an der der Kadaver gelegen hatte, mußten sie feststellen, daß er weggeschleppt worden war. Aus dem Unterholz hörten sie polternde Geräusche. Da sie sich über den Verursacher nicht recht klarwerden konnten, schauten sie sich erst einmal um. Plötzlich erfaßte Martins Taschenlampe einen großen behaarten Bigfoot, der nur einige Meter entfernt stand. »Mir war sofort klar, daß es kein Bär war, denn es hatte die Gestalt eines Menschen, wissen Sie, es sah aus wie ein Affe, ein Gorilla oder so etwas, und es kam auf mich zu.« Martin, immerhin 1,75 Meter groß, mußte ziemlich nach oben leuchten, um das Gesicht des Bigfoot erkennen zu können. Vollkommen geschockt drehte er sich um und ergriff mit seinen Freunden die Flucht. Sie liefen zurück zum Auto, der Motor sprang jedoch nicht an. Martin konnte den Bigfoot im Rückspiegel sehen. Er war direkt hinter dem Auto. Glücklicherweise startete der Wagen dann doch noch, und sie konnten davonrasen. Eine Frage kommt einem dabei sofort in den Sinn: Weshalb hat der Bigfoot die Männer nicht eingeholt? Ein Tier, das nach Martins Worten dermaßen groß und um die 200 Kilogramm schwer gewesen ist, hätte die verängstigten Männer leicht einholen können, wenn es gewollt hätte. Vielleicht wollte es die Männer einfach nur vertreiben, um sich in Ruhe dem Hirsch widmen zu können. Ein weiteres Beispiel dafür, daß Bigfoots Menschen anscheinend nur vertreiben, sie aber nicht einfangen wollen, liefert ein Vorfall, der sich im Oktober 1968 bei Estacada in Oregon ereignet hat. Dort wurde ein Angler von einem Bigfoot mit fuchtelnden Armen zu seinem Truck zurückgejagt. Auf seiner Flucht stürzte der Angler – und der Bigfoot wartete, bis er wieder aufgestanden war, bevor er die Verfolgung fortsetzte!

Im Frühjahr 1962 wurde Robert Hatfield in seinem Haus bei Fort Bragg in Kalifornien vom Gebell seiner Hunde geweckt und ging nach draußen, um festzustellen, was sie so in Aufregung versetzte. Er sah eine dunkle Gestalt, die seine Hunde über einen 1,80 Meter hohen Zaun hinweg beobachtete. Er lief zurück ins Haus, um seinen Schwager Bud Jenkins zu wecken und ihm den größten Bären zu zeigen, den er je gesehen hatte. Als sie nach draußen rannten, war von dem Tier jedoch nichts mehr zu sehen. Jenkins ging erneut zurück ins Haus, um eine Lampe und ein Gewehr zu holen. Währenddessen hatte Hatfield beschlossen, einen Blick hinter das Haus zu werfen. Als er um die Hausecke bog, sah er sich einer 2,40 Meter großen und behaarten Kreatur gegenüber, die auf zwei Beinen stand. Nach Angaben von Jenkins stieß

> Hatfield einen Schrei aus und wich ein paar Schritte zurück. Dabei stürzte er jedoch und kroch schließlich vollkommen verstört auf Händen und Füßen zurück ins Haus.
>
> Meine Frau hielt ihm derweil die Außentür auf, damit er hineinkriechen konnte. Ich hörte den Lärm und lief zur Innentür, die heraus auf die Veranda führt. Gerade als Hatfield zur Tür hineinkam, lief am Fenster eine große Gestalt vorbei,

von der ich weder Kopf noch Unterleib erkennen konnte, sondern nur den Oberkörper.

Nachdem Hatfield ins Haus geschlüpft war, versuchte meine Frau, die Tür wieder zuzumachen; dies gelang ihr auch fast, nur die letzten 5 bis 10 cm ließen sich einfach nicht schließen. Die Tür wurde von irgend etwas blockiert. Meine Frau schrie: »Schnell, hol das Gewehr, es kommt durch die Tür!«

Natürlich stand ich zu der Zeit bereits direkt hinter ihr und rief: »Laß es rein, dann verpaß ich ihm eine!«

Im selben Augenblick ließ jedoch der Druck auf die Tür nach, so daß meine Frau sie zuschieben und verriegeln konnte. Ich ging zum Fenster und schaute hinaus auf den Hof. Es war immer noch dunkel, und es regnete. Da sah ich diese aufrecht gehende, etwa 2,40 Meter große Kreatur, wie sie sich vom Haus entfernte, über unseren kleinen Gartenzaun stieg und an meinem Wagen vorbei zur Hauptstraße ging.

Jenkins bezifferte das Gewicht des Wesens auf etwa 180 bis 200 Kilogramm. Es sei immer aufrecht und nie auf allen vieren gegangen und habe einen sehr unangenehmen Geruch ausgeströmt, der noch lange in der Luft gehangen habe. Als sie am Tag den Hof absuchten, fanden sie über 40 cm lange Fußabdrücke mit nur vier Zehen. An der Wand neben der Haustür zeigte sich außerdem der 30 cm lange Abdruck einer Hand. Beide Männer sagten später, daß sie zwar Angst verspürt hätten, das Wesen aber doch eher neugierig als aggressiv gewirkt habe.

Ebenfalls im Juni 1962 tauchte auch im Trimble County in Kentucky ein mysteriöses Wesen auf. Wir sind nicht sicher, ob der entsprechende Bericht in dieses Buch gehört oder nicht, denn wenngleich es Zeugen gab, die eine 1,80 Meter große, schwarzbehaarte Kreatur gesehen haben wollen, die auf den Hinterbeinen ging und Arme hatte, die bis zu den Knien reichten, beschrieben andere ein Wesen, das »in etwa einem Hund, Puma oder Bären« geglichen habe. Im selben Zeitraum waren in der Gegend mehrere Hunde angefallen und ein Kalb durch einen Schlag auf den Kopf getötet worden. Auch andere Haustiere fand man entweder tot, oder sie blieben spurlos verschwunden. Auf dem Schuppen, in dem das tote Kalb gefunden worden war, entdeckte man schwarze Fellhaare und Spuren von Klauen. Ein derart aggressives Verhalten findet sich in Meldungen über Bigfoots nur sehr selten und ist eher typisch für die Berichte über große Katzen, die seit einiger Zeit in den USA, aber auch in Großbritannien beobachtet werden (siehe unser Buch *Unheimliche Phänomene des 20. Jahrhunderts*). Eventuell trieben Anfang der sechziger Jahre in dieser Gegend gleich mehrere mysteriöse Kreaturen ihr Unwesen. Dies ist nicht vollkommen abwegig. Man denke nur an den in Kapitel 8 näher erläuterten Fall von Minerva, Ohio, aus dem Jahr 1978, bei dem die Zeugen zwei pumaähnliche Wesen zusammen mit einem Bigfoot beobachtet haben.

Einen Monat später, im Juli 1962, hüpfte ein Bigfoot bei Mount Vernon im Rockcastle County in Kentucky auf das Dach eines geparkten Autos, in dem zwei junge Paare saßen. Ihren Angaben nach sei er vollständig behaart und etwa so groß wie ein Mensch gewesen und habe sie angeknurrt. Die Anzahl der Fälle, in denen Bigfoots Interesse an Liebespaaren in Autos zeigen, läßt darauf schließen, daß es sich nicht nur um Zufälle handelt. Solche Paare, die häufig etwas ruhigere Plätzchen aufsuchen, scheinen im übrigen nicht nur Bigfoots, sondern auch UFOs und ähnliche Phänomene magisch anzuziehen. Ob dieser Aspekt letztendlich dazu beitragen

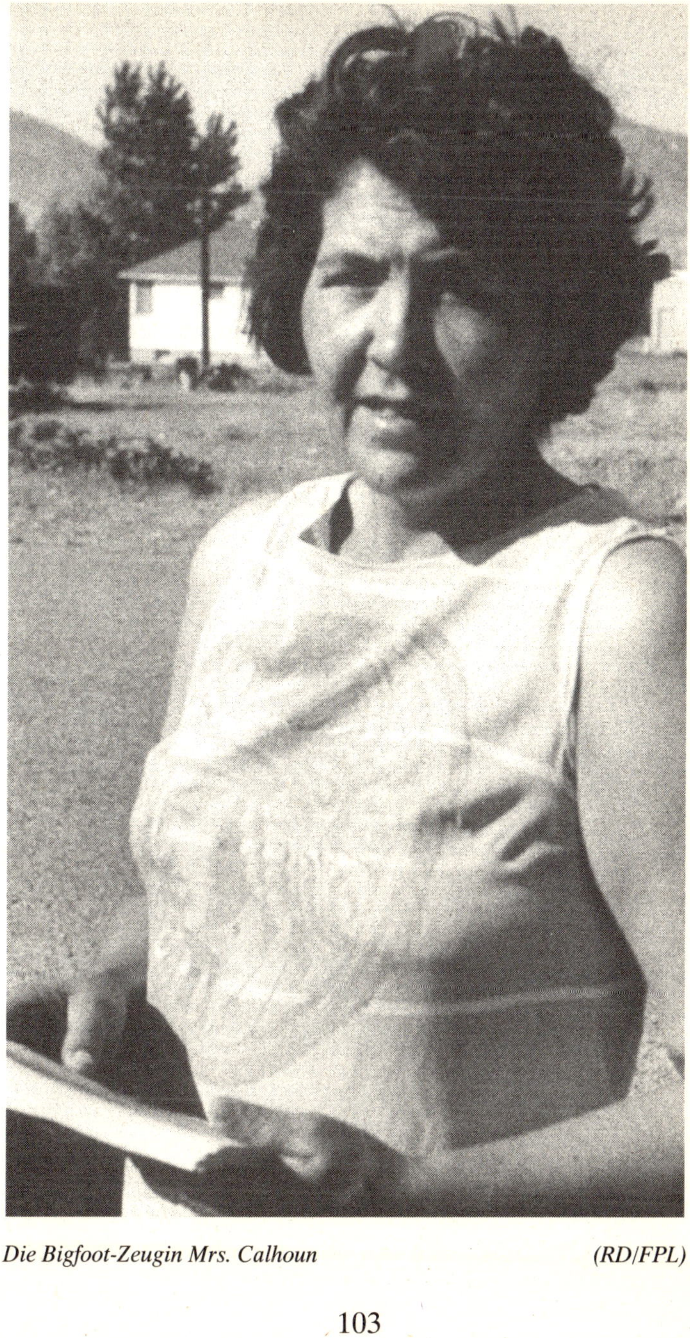

Die Bigfoot-Zeugin Mrs. Calhoun (RD/FPL)

wird, das Rätsel um Bigfoot und UFOs endgültig zu lösen, bleibt indes abzuwarten.

Im August hatte Mrs. Calhoun, die sich gerade auf einem Angelurlaub befand, ein Erlebnis, an das sie noch lange denken sollte. Sie befand sich ganz in der Nähe des Cariboo Highway, der Quesnel und Prince George in British Columbia verbindet, stand in einem kleinen Fluß und wartete darauf, daß ihre Tochter mit dem Essen zurückkam.

Plötzlich hörte sie ein Geräusch. In der Annahme, es sei ihre Tochter, drehte sie sich um, um mit ihr zu sprechen. Statt dessen schaute sie jedoch direkt in die Augen einer halb tierischen, halb menschlichen Kreatur, die sie beobachtete. Sie schwang sofort ihr Gewehr herum, um sich zu verteidigen. Dem erfahrenen Bigfoot-Forscher René Dahinden gab sie folgenden Bericht:

> Mein erster flüchtiger Eindruck war der eines Menschen mit sehr langen Armen. Es hat Wochen gedauert, bis ich den Blick aus meinem Gedächtnis tilgen konnte, den es aus seinen kleinen schwarzen Augen auf mich warf. Das Geschöpf ähnelte einerseits einem Affen, sah aber andererseits auch aus wie ein Mensch. Die Haare auf der Brust waren blond bis braun, die Kopfhaare lang, lose und matt. Es hatte hohe Wangenknochen, eine breite, flache Nase, eine fliehende Stirn und einen hervorstehenden Mund. Es öffnete den Mund, ohne jedoch einen Laut von sich zu geben. Es stand nur da und schaute mich an. Als ich zurückwich, sprang das Wesen ins Gebüsch und verschwand. Die ganze Zeit, als ich mich durch den Fluß zurückzog, wußte ich, daß ich beobachtet wurde.

Der nächste Zeuge zog es vor, anonym zu bleiben, als er am Nachmittag des 27. Januar 1963 das Tuolumne

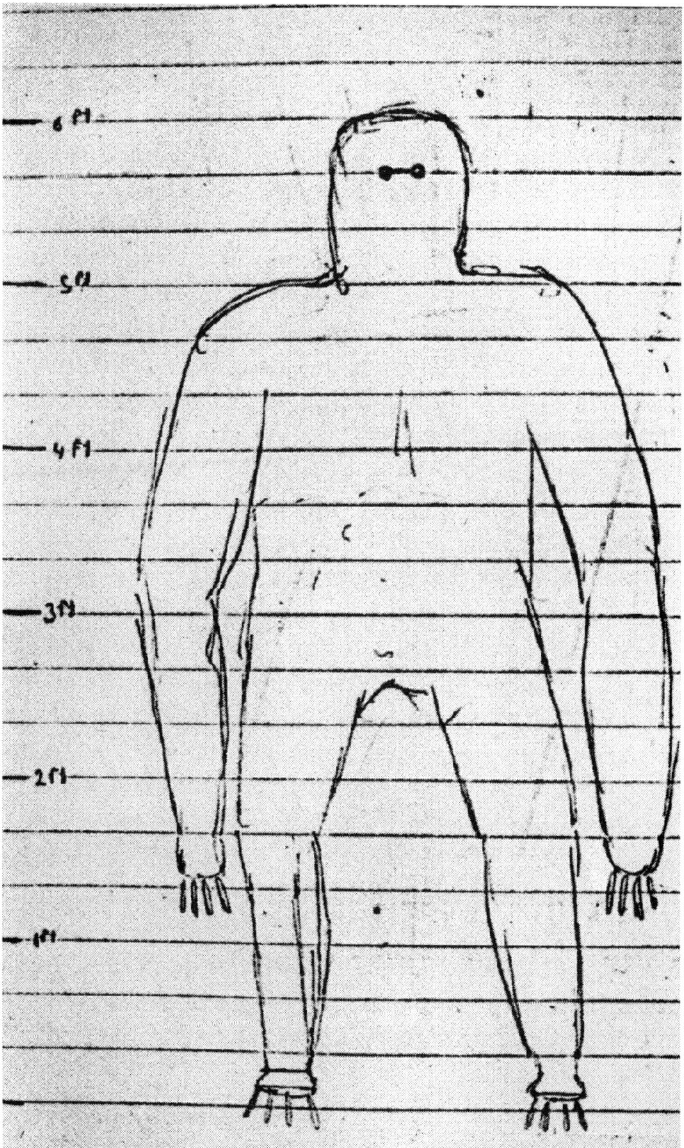

Augenzeugenzeichnung eines Bigfoot, der am 23. September 1962 auf einem Indianerfriedhof bei Blue Clay Springs in der Nähe von Richmond, Indiana, gesehen wurde. *(Loren Coleman/FPL)*

County Sheriff's Department anrief, um seine Bigfoot-Sichtung zu melden. Er sagte, er habe bei Cold Springs am Sonora Highway im nördlichen Kalifornien gerade Feuerholz geschlagen, als er eine behaarte, menschenähnliche Kreatur gesehen habe, die aufrecht etwa 2,70 bis 3 Meter groß gewesen und im Unterholz um die Kiesgrube herumgestreift sei, in der er gearbeitet habe. Nach dem Anruf unternahm Deputy Sheriff Bill Huntley zusammen mit dem bei Cold Springs wohnenden Elbert Miller einen Abstecher in das Gebiet. Beide Männer erwarteten nicht, irgend etwas zu finden. Sie gingen davon aus, daß der Anrufer ein bißchen zu tief ins Glas geschaut und einfach einen Bären gesehen hatte. Als sie die Kiesgrube erreichten, war es bereits dunkel, und nachdem sie sich einige Minuten umgeschaut hatten, wollten sie schon wieder aufbrechen, als ein unheimlicher Laut durch die frostige Winterluft hallte, der, wie sie später berichteten, dem Schrei eines Menschen glich, der unter schrecklichen Qualen leidet. Das Wesen, das ihn ausgestoßen hatte, blieb nicht an einer Stelle: Es umkreiste ihr Auto, hielt sich dabei aber immer im Unterholz verborgen. Es schien auf ihre Rufe zu antworten, während es sich mit unglaublicher Schnelligkeit und, mit Ausnahme der haarsträubenden Schreie, absolut lautlos von einem Ort zum anderen bewegte. Nach einiger Zeit verklangen die Schreie dann in der Ferne, und Huntley und Miller machten sich auf den Heimweg. Huntley rief den anonymen Anrufer, der die Polizei zuerst alarmiert hatte, später öffentlich auf, sich zu melden und eine detailliertere Beschreibung abzugeben, jedoch ohne Erfolg.

Menschen, die in der Wildnis zelten, scheinen Bigfoots neugierig zu machen. 1963 wollte sich Harry Squiness in seinem Zelt gerade schlafen legen, als die Klappe geöffnet wurde und er das behaarte Gesicht eines Affen vor sich sah, aus dem ihn menschliche Augen anstarrten. Squiness hatte sein Zelt bei Goose Point nahe Anahim Lake in British Columbia aufgeschlagen. Nachdem er erfolglos versucht hatte, ein Streichholz anzuzünden, lief er nach draußen und schüttete Benzin in das fast erloschene Lagerfeuer. Im Licht der auflodernden Flammen erkannte er in etwa fünf Metern Entfernung vier Kreaturen, die ihn sowohl an Affen als auch an Menschen erinnerten. Sie duckten sich, so als ob sie sich verstecken wollten. Als das Licht des Feuers auf sie fiel, sprangen sie auf und gingen davon. »Hey, was macht ihr hier? Kommt zurück!« rief ihnen der Zeuge noch nach. Aber die behaarten Kreaturen gaben keine Antwort und verschwanden in der Nacht. Fußspuren waren auf dem grasigen Boden nicht zurückgeblieben, aber an einem Baumstamm fand Squiness den Abdruck einer riesigen Hand, den er dem Indianer Clayton Mack aus Anahim Lake zeigte, einem angesehenen Bärenjäger.

Im Mai 1964 zeltete eine Pfadfindergruppe bei Brown's Gulch etwa 25 Kilometer von Butte in Montana. Um vier Uhr morgens hörte einer der Jungen draußen ein Geräusch. Als er aus dem Zelt schaute, sah er sich einer menschenähnlichen Gestalt gegenüber, die am ganzen Körper behaart war. Die Haare hatten silberne Spitzen. Auffallend war außerdem der lange Bart der Kreatur. Als der Pfadfinder einen Schrei ausstieß, lief das Wesen davon; einen Augenblick später hörte er es den nahe gelegenen Bach durchqueren und dabei kichernde, menschenähnliche Laute von sich geben. Am Tag fanden sich Fußspuren, die denen eines Menschen glichen und sich knapp 150 Meter weit verfolgen ließen, ehe sie sich auf felsigem Grund verloren. Jeder Abdruck war etwa 50 cm lang und 15 cm breit, die Schrittweite betrug etwa 2,10 Meter. Ebenfalls im Mai 1964 hatte ein Wesen, dessen Spuren fast genauso groß waren (46 x 13 cm) und das als 2,70 m großes, schwarzbehaartes Monster mit fluoreszierenden Augen beschrieben wurde, bei Sister Lakes in Michigan eine Gruppe von Erntearbeitern in Angst und Schrecken versetzt und sie aus ihrer Obstplantage vertrieben. Zwar hatte es dort schon seit 1962 beunruhigende Schilderungen über ein riesiges Lebewesen gegeben, das in den nahe gelegenen Sümpfen sein Unwesen treibe, im Frühjahr 1964 häuften sich diese Berichte jedoch und beherrschten schließlich die Schlagzeilen der Lokalpresse. Am 9. Juni war der Erntearbeiter Gordon Brown mit seinem Bruder im Auto unterwegs, als sie die Kreatur plötzlich im Licht ihrer Scheinwerfer sahen. Nachdem sie im Wald verschwunden war, folgten sie ihren Spuren, und als sie das Wesen schließlich eingeholt hatten, sahen sie ein Monster, das wie eine Kreuzung aus Gorilla und Bär wirkte. Aufrecht stehend war es ungefähr 2,70 Meter groß und wirkte auf die beiden wie ein Baum. Die beiden Männer traten vernünftigerweise den Rückzug zum Auto an und fuhren schnell davon. Brown hatte den Bigfoot ein Jahr zuvor schon einmal gesehen, hatte damals aber geschwiegen, aus Angst, sich lächerlich zu machen.

Das Gelände, auf dem die beiden Männer das Monster verfolgt hatten, gehörte zur Farm von Evelyn Utrup und ihrem Mann John, die der Kreatur auf ihrem Land ebenfalls schon einige Male begegnet waren. Utrup hatte es mit seinen »großen, leuchtenden Augen, die im Scheinwerferlicht reflektierten« sogar schon in seinem Hof stehen sehen, und Mrs. Utrup erzählte, wie sie vor der über 200 Kilogramm schweren Kreatur, deren Schritte die Erde zum Beben brächten, schon einmal ins Haus geflüchtet sei. Auch habe einer ihrer Hunde das Wesen eines Nachts gejagt und sei mit einem verletzten Auge zurückgekehrt, das aber nach ein paar Wochen wieder verheilt sei.

Am Tag nach Gordon Browns Begegnung wurde das Geschöpf noch von anderen Bewohnern gesehen, die auch seine Laute hörten, die wie Babyschreie klangen.

Am 11. Juni schließlich standen drei dreizehnjährige Mädchen dem Monster gegenüber. Der Vorfall ereignete sich tagsüber auf einer einsamen Straße im Township Silver Creek. Während Joyce Smith in Ohnmacht fiel, blieben Patsy und Gail Clayton vor Angst wie angewurzelt stehen. Offensichtlich zufrieden mit dem Eindruck, den es hinterlassen hatte, trottete das Wesen davon und verschwand schließlich in den Büschen. In der Folgezeit wurde aus der ländlichen Gemeinde Sister Lakes mit ihren 500 Einwohnern über Nacht ein wimmelndes Touristenzentrum. Hunderte von »Jägern« und sensationslüsternen Neugierigen fielen in der Gegend ein. Die Geschäfte verkauften Monsteraccessoires, Imbißbuden und Kneipen boten Monsterburger an. Der örtliche Radiosender spielte »Monster Music«, unterbrochen von den neuesten Monsternachrichten, und das Kino zeigte zweimal pro Tag eine Horrorshow. Ein Geschäftsmann bot eine Spezialausrüstung für die Monsterjagd an: Für 7,95 $ konnten interessierte Jäger eine Lampe, ein Netz, einen Baseballschläger, einen Holzhammer und einen Pflock erwerben, um das Untier dingfest zu machen. Teenager warfen sich alte Pelzmäntel über und standen damit auf den Straßen herum. Trotz des Trubels wurde glücklicherweise niemand verletzt, wenngleich Sheriff Robert Dool sagte: »Ich mußte Jäger wegschicken, da es viel zu gefährlich wurde; dreitausend Fremde, die des Nachts mit Gewehren in der Gegend herumschlichen ...« Daß man unter derartigen Umständen seriöse Sichtungsberichte erhält, ist eher unwahrscheinlich, denn die Menschen sind aufgeregt und erwarten einfach, einen Bigfoot zu sehen. Sie vermuten das Monster hinter allem, was sie beobachten. Bei einem sachlichen und nüchternen Beobachter ist diese Gefahr sicherlich um einiges geringer.

Einige Bigfoots zeigen die seltsame Angewohnheit, Autos, Wohnwagen oder Anhänger ordentlich durchzuschütteln. Am 13. September 1964 war Benjamin Wilder der Leidtragende, als er in einer entlegenen Gegend nahe Blue Lake im nordwestlichen Kalifornien in seinem Auto schlief. Um ein Uhr morgens wachte Wilder auf, weil sich sein Auto bewegte. Zuerst dachte er an ein Erdbeben, aber als sich die Bewegungen fortsetzten und er keine Felsen rollen hörte, zündete er ein Streichholz an, um der Ursache auf den Grund zu gehen. Wie überrascht war er, als er an der Fahrertür ein riesiges Wesen mit zottigen, fünf bis zehn Zentimeter langen Brusthaaren stehen sah, dessen Arme auf dem Autodach lagen. Er schrie das Geschöpf an, als Antwort erhielt er aber nur ein paar grunzende Laute. Schließlich drückte er auf die Hupe und konnte das Wesen damit verscheuchen. Es verschwand aufrecht gehend über einen Hügel, ohne daß Wilder einen Blick auf sein Gesicht werfen konnte.

Unser letzter Bericht aus dem Jahr 1964 ist eine dieser unglaublichen Geschichten, mit denen sich die Bigfoot-Forschung so häufig konfrontiert sieht. Man muß sich immer vergegenwärtigen, daß die Menschen, die über diese merkwürdigen Geschehnisse berichten, keine publicitysüchtigen Verrückten sind, sondern normale Bürger mit guter Ausbildung, verantwortungsvollen Jobs und harmonischem Familienleben. Das folgende Ereignis wurde erst zehn Jahre später Leonard Stringfield anvertraut. Stringfield ist einer der seriösesten und verantwortungsvollsten UFO-Forscher in den USA und allgemein als verläßlicher, vertrauenswürdiger und aufgeschlossener Berichterstatter anerkannt. Zum Zeitpunkt des Geschehens war Mrs. Lister achtzehn Jahre alt und bereits mit ihrem zukünftigen Ehemann befreundet. Eines Abends saßen sie gegen 23.00 Uhr etwa anderthalb Kilometer von der Farm ihrer Eltern bei Point Isabel, Ohio, entfernt in einem Auto. Die Scheinwerfer hatten sie ausgeschaltet. Plötzlich sahen sie eine Gestalt, die das vor ihnen liegende Feld überquerte. Als Lew Lister die Lichter einschaltete, kam die Kreatur mit langen Sprüngen zum Auto gehüpft. Auf ihrem Weg marschierte sie durch einen starken Stacheldrahtzaun, als ob er gar nicht vorhanden wäre. Das Mädchen schrie, und das Wesen griff nach Lister, als das Paar verzweifelt versuchte, die Fenster hochzukurbeln. Mrs. Lister fühlte sich durch die glühenden Augen wie gelähmt und glaubte, das Ganze liefe »wie im Zeitraffer ab. ... Ich kann mich nur noch daran erinnern, daß sich seine Augen direkt in meine bohrten.« Sie konnte sehen, daß das Wesen etwa 1,80 Meter groß war, breite Schultern hatte und vollständig mit gelblichem Kraushaar bedeckt war. »Der Kopf war schrecklich. Er lief nach oben hin spitz zu und verengte sich zum Kinn. Die Brauen waren wülstig, und seine Ohren, da bin ich mir ganz sicher, waren so groß wie die eines Schweins. Seine Augen glühten orange, und die Zähne glichen Hauern.« Dann, als sie es weiter beobachtete, änderte es plötzlich seine Gestalt. Seine Hände wurden zu Pranken, und es lief jetzt auf allen vieren. Ihren Worten nach geschah dies wie in Zeitlupe, dann verschwand es plötzlich. Es hatte sich buchstäblich in Luft aufgelöst.

Ein anderes unheimliches Erlebnis, jedoch ohne den oben vorhandenen Horroreinschlag, hatten zwei Brüder, die als Prospektoren für Bergbaugesellschaften arbeiteten. Ihre Aufgabe war es, die entlegenen Regionen Kanadas zu bereisen und ihren Auftraggebern zu berichten, welche Bodenschätze dort vorhanden sein könnten. Am 28. Juni 1965 waren sie in der wilden, gebirgigen Gegend nahe Pitt Lake unterwegs, etwa 40 bis 50 km nordöstlich der kanadischen Stadt Vancouver. Sie befanden sich auf 1200 Meter Höhe; der Schnee lag zwar metertief, das Wetter war jedoch sonnig und klar. Im folgenden erzählen sie mit eigenen Worten, was sie beobachteten:

Wir wanderten am Nachmittag gerade hinunter in ein Tal, als wir auf riesige Fußabdrücke stießen, die zu einem kleinen Fluß führten, der aber jetzt überfroren war. An der Stelle, an der die Spuren auf das Eis führten, war es gebrochen, so daß sich der einsame Wanderer wohl entschlossen hatte, zurückzugehen. Wir untersuchten die Abdrücke eine ganze Zeit, da sie so immens groß waren. Sie waren doppelt so lang wie mein Stiefel, müssen also etwa 60 cm lang und an den Zehen etwa 30 cm breit gewesen sein. Die Schrittweite war doppelt so groß wie meine, und die Spuren hatten sich etwa fünf Zentimeter tief in den Schnee gedrückt. Aufgrund der überaus dicken und großen Zehen konnten linker und rechter Fuß leicht unterschieden werden. Danach gingen wir weiter das Tal hinauf, und plötzlich, als wir über einen kleinen, zugefrorenen Teich schauten, sahen wir die Kreatur. Wir schätzten ihre Größe auf drei bis dreieinhalb Meter. Sie war vollständig mit rotbraunen Haaren bedeckt. Der Kopf schien direkt auf den Schultern zu sitzen und wies lange Haare auf, die wesentlich dunkler zu sein schienen als die übrige Körperbehaarung. Die Arme waren länger als die eines Menschen und schienen bis unter die Knie zu hängen. Als wir das Wesen entdeckten, befand es sich auf gleicher Höhe mit uns auf der anderen Seite des Tales, etwa einen weiten Steinwurf von uns entfernt.

Die Hände dieses Wesens waren riesig und erinnerten mich an die Paddel unseres Kanus. Es hielt sie geöffnet, so daß man ihre gelbliche Färbung erkennen konnte. Wir beobachteten das Geschöpf eine ganze Zeitlang, aßen dabei ein Stück Schokolade und rauchten eine Zigarette. Es stand einfach nur da und verlagerte sein Gewicht von einem

Fuß auf den anderen, was zu einer schaukelnden Bewegung führte. Während es sich fortbewegte, schienen seine Hände vor und zurück zu schwingen.

Da es nicht aggressiv zu sein schien, blieben wir noch eine Weile und beobachteten es weiter, bevor wir uns wieder auf den Weg machten und das Tal weiter aufwärts wanderten. Insgesamt hielten wir uns in dem Tal etwa viereinhalb Stunden auf. Als wir zurückkamen, war das Geschöpf verschwunden, und wir kehrten zu unserem Basislager zurück.

Ein weiteres Rätsel neben den riesigen Fußabdrücken waren zwei parallele Furchen im Schnee; die eine war breit und flach und verlief zwischen den Spuren, die andere war schmaler und tiefer eingeschnitten und zeigte sich neben den Abdrücken. Einer der Männer fertigte in seinem Notizbuch eine Skizze von ihnen an und erstellte später während der Beobachtung auch eine Zeichnung von der Kreatur. Sie notierten außerdem, daß der Schnee in den Spuren eine leichte Rosafärbung gehabt habe. Am nächsten Tag stießen sie auf ähnliche Fußabdrücke, die jedoch kleiner waren als jene am Tag zuvor und zu einem Loch führten, das ins Eis eines kleinen Teichs geschlagen worden war.

Drei Tage später kehrte einer der Brüder zu diesem Teich zurück, diesmal jedoch in einem Hubschrauber und in Begleitung eines Reporters der Zeitung *Vancouver Sun.* Sie fotografierten die Spuren und fanden noch weitere, die über eine felsige Kante auf einen darunterliegenden Vorsprung führten. Aus Sorge um ihre berufliche Reputation erteilten die Brüder damals keine Erlaubnis zur Veröffentlichung ihrer Namen, so daß die Geschichte nicht in allen Einzelheiten publiziert wurde.

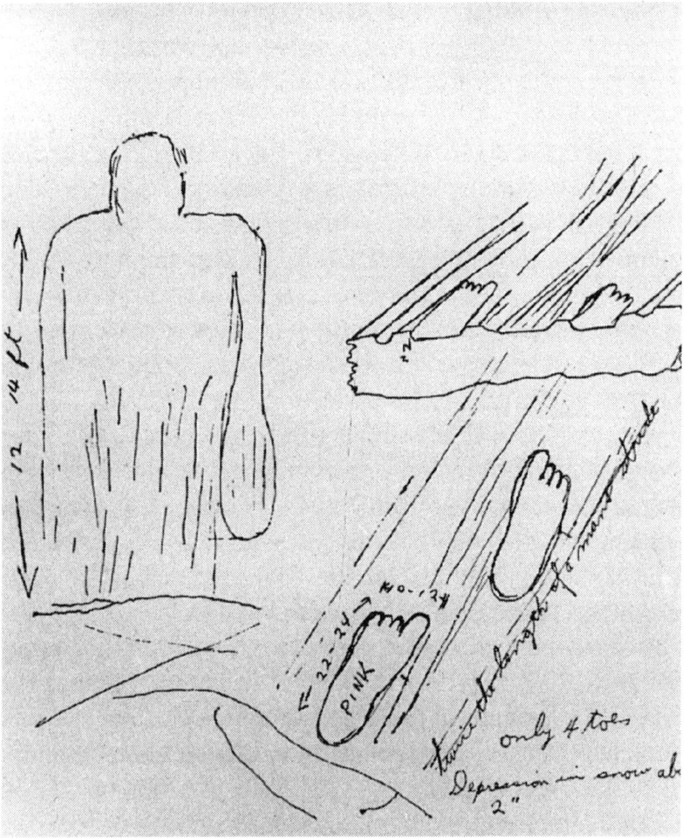

Die von den beiden Prospektoren nach ihrer Bigfoot-Sichtung angefertigte Skizze. Die Sichtung erfolgte am 28. Juni 1965 in der Nähe von Pitts Lake in British Columbia. *(FPL)*

Bigfoots sind allem Anschein nach gute Schwimmer und beileibe nicht wasserscheu. Ein Vorfall, der diesen Schluß nahelegt, ereignete sich im Juli 1965 in der Nähe von Princess Royal Island, nicht weit von Butedale in British Columbia. Der Zeuge, ein Arbeiter aus Butedale, war eines Nachmittags zum Fischen gegangen, als er auf einer kleinen Insel in etwa siebzig Metern Entfernung zwei gigantische, zweibeinige Kreaturen bemerkte.

Sie waren dunkelbehaart und äußerst stämmig. Dann sah er, wie sich etwas zügig durch das Wasser bewegte, wobei es die Arme allerdings überhaupt nicht einzusetzen schien. Er vermutete, daß es sich um ein weiteres dieser riesigen Geschöpfe handeln mußte. Da es direkt auf ihn zuzuschwimmen schien, warf er den Außenbordmotor an und suchte schnell das Weite. Dabei meinte er, auf dem Festland am Strand noch zwei weitere dieser Kreaturen stehen zu sehen. In seinem Bemühen, wenn nicht gar in seiner Panik, die Gegend zu verlassen, bemerkte er nicht, daß er dann an einem Freund vorbeifuhr, der sich mit ihm treffen wollte.

Die meisten der Berichte weisen darauf hin, daß der Bigfoot, so riesig er auch sein mag, sich dem Menschen gegenüber nicht aggressiv verhält. Der nun folgende Fall scheint jedoch eine der wenigen Ausnahmen darzustellen. Anhand der verschiedenen Quellen, die wir zu Rate gezogen haben, läßt sich nur schwer feststellen, was im entscheidenden Moment genau passiert ist. Die Verletzungen, die Christine Van Acker erlitten hat, könnten ihr einerseits bewußt zugefügt worden sein, andererseits aber auch auf eine ungeschickte Bewegung zurückgehen. Am 13. August 1965 fuhr die damals siebzehnjährige Christine mit ihrer Mutter durch ein Waldgebiet bei Monroe in Michigan. Die Autofenster waren heruntergekurbelt. Nach einer Kurve stand plötzlich eine riesige, dunkelbehaarte Kreatur auf der Straße. Christine wollte eigentlich beschleunigen, um so schnell wie möglich an dem Wesen vorbeizufahren, würgte den Motor aber statt dessen ab, weil sie in ihrer Aufregung auf die Bremse trat. Während sie versuchte, das Fahrzeug wieder zu starten, griff der Bigfoot durch das Fenster und legte seine riesige behaarte Hand auf ihren Kopf. Als Mutter und Tochter aufschrien, zog er seine Hand zurück, wobei Christines Kopf gegen den Rahmen schlug. Arbeiter, die sich gerade in der Nähe befanden, hörten die Schreie und das Hupen und kamen herbeigerannt. Sie sahen gerade noch, wie die Kreatur wieder in den Wäldern verschwand. Nach Angaben von Christine, die im wahrsten Sinne des Wortes mit einem blauen Auge davonkam, war der Bigfoot etwa 2,10 Meter groß und wog ca. 150 bis 200 Kilogramm. Außerdem war ihr der strenge Geruch der Kreatur aufgefallen.

Die Stärke des Bigfoot und die Schnelligkeit, mit der er sich durch das Gelände bewegt, werden im folgenden Vorfall deutlich, den Jimmy Nelson aus Bella Coola in British Columbia dem Forscher John Green erzählte. Im November 1965 befand sich Nelson einige Kilometer von Bella Coola entfernt bei Green Bay auf der Jagd und querte gerade einen kahlgeschlagenen Abschnitt an einer hohen Bergflanke. Plötzlich bemerkte er eine menschenähnliche dunkle Gestalt, die unter ihm den Hang hinaufstieg. Aus der Geschwindigkeit, mit der das Wesen in dem von Baumstämmen übersäten Gelände vorankam, schloß Nelson, daß es sehr groß sein mußte. Er beobachtete es zehn Minuten lang; in dieser Zeit durchquerte es die Schneise mühelos, indem es einfach über die Stämme hinweglief. Nelson hatte für dieselbe Strecke etwa zwei Stunden gebraucht, weil er entweder unter den Stämmen hindurchkriechen oder über sie hinwegklettern mußte. Zudem hatte er den kürzesten Weg gewählt und den Bereich gerade durchquert, während der Bigfoot eine beträchtlich längere Route wählte und eher schräg durch den Einschlag stieg; er war links von Nelson aufgetaucht und erreichte weit rechts von ihm wieder den Wald.

Daß der Bigfoot kugelfest zu sein scheint, ist für Bigfoot-Forscher nichts Neues. In ihren Archiven finden sich mittlerweile eine ganze Reihe von Fällen, in denen ohne Ergebnis auf Bigfoots gefeuert wurde. Zwar hat man gelegentlich Blutspuren gefunden, niemals jedoch eine Leiche. Nachdem auf ihn geschossen wurde, ver-

Bigfoot-Forscher René Dahinden neben einer 2,40 Meter großen Bigfoot-Skulptur bei Willow Creek in Kalifornien. Die Skulptur stammt von Jim McClarin. *(RD/FDL)*

schwindet der Bigfoot gewöhnlich, ohne von seinen Angreifern weitere Notiz zu nehmen. Diese Erfahrung machte 1965 auch der vierzehnjährige James Lynn Crabtree, als er in der Nähe seines Elternhauses in Fouke, Arkansas, während der Jagd auf Eichhörnchen auf einen Bigfoot stieß. Er horchte auf, als er einige Pferde in einen nahe gelegenen See galoppieren hörte. Dann vernahm er das schmerzerfüllte Heulen eines Hundes. Als er dem Lärm entgegenlief, stand er plötzlich hinter einer ungefähr 2,40 Meter großen Kreatur, die vollständig mit rötlichbraunen, etwa 10 cm langen Haaren bedeckt war. Sie hatte sehr lange Arme und stand wie ein Mensch aufrecht auf zwei Beinen. Als sie sich zu dem Jungen umdrehte, konnte dieser vom Gesicht nichts weiter erkennen als eine flache, braune Nase. Alles übrige war von Haaren verdeckt. Als dieses Monster auf den vor Schreck wie erstarrt stehenden Crabtree zuging, schoß er ihm dreimal ins Gesicht. Da sich der Bigfoot jedoch vollkommen unbeeindruckt zeigte, ergriff der Junge die Flucht und lief so schnell wie möglich davon. In den folgenden Jahren gab es in diesem Gebiet noch weitere Sichtungen. Außerdem wurden riesige Fußabdrücke gefunden. In der Region wurde auch der Kinofilm *The Legend of Boggy Creek* gedreht, der unter Zusatz vieler fiktiver Teile die Geschichte des Monsters erzählt.

6

Glutäugige Monster in der Nacht: 1966 – 1970

Ein weiterer aggressiver Auftritt des Bigfoot, der dem Vorfall ähnelt, den Christine Van Acker im vorangegangenen Kapitel schildert, ereignete sich am 27. April 1966 knapp außerhalb der Stadt Fontana in Kalifornien. Bereits im Juli hatten dort einige Jungen berichtet, sie hätten ein affenähnliches Wesen gesehen. Einer der Jungen gab zwar an, das Geschöpf habe ihn gekratzt und seine Kleidung zerrissen, man schenkte ihm jedoch keine größere Aufmerksamkeit. Am 27. August hielten zwei junge Mädchen nach dem Monster Ausschau und begegneten ihm tatsächlich. Die sechzehnjährige Jerri Mendenhall fuhr ihr Auto gerade rückwärts in einen Feldweg, als ein Bigfoot aus dem Gebüsch auftauchte und durch das offene Autofenster nach ihr griff. Als sie aufschrie und aufs Gaspedal drückte, verschwand das Wesen wieder in den Büschen. Ihren Angaben zufolge hatte es matte und äußerst schmierige Haare und stank »wie ein totes Tier«. Ein Mitarbeiter des Sheriffs fand später einen knapp 45 cm langen und etwa 15 cm breiten Fußabdruck. Als Jerri das Erlebnis später unter Hypnose noch einmal durchlebte, steigerte sie sich in einen derartigen Angstzustand hinein, daß sie vorzeitig geweckt werden mußte.

Im Sommer und Herbst 1968 wurden in Washington mehrmals weiße oder graue Bigfoots gesehen – war es ein und dasselbe Tier? In der Umgebung von Richland wurde im Sommer ein Bigfoot beobachtet, der weißlichgrau und ungefähr 2,40 Meter groß gewesen sei und rote Augen gehabt habe. Er habe mindestens 250 Kilogramm gewogen und sei aufrecht gegangen wie ein Mensch. Eine Gruppe junger Männer hatte ihn mehrere Male gesehen. Auf der Suche nach ihm waren sie des Nachts mit dem Auto umhergefahren und hatten ihn häufiger in einer alten Kiesgrube gefunden. Einer der Zeugen, Greg Pointner, bot an, sich jederzeit einem Lügendetektortest zu unterziehen. Ein anderer, Roger True, hatte aus lediglich sechs Metern auf das Wesen geschossen und es mindestens dreimal getroffen; es ging jedoch nicht einmal zu Boden. Tom Thompson feuerte sein Gewehr aus knapp zehn Metern Entfernung ab: »Danach stieß es einen Schrei aus, eine Art hohes Quieken, die Schüsse konnten es aber nicht aufhalten.« Eine andere Gruppe von Teenagern hatte das Geschöpf mit Steinen beworfen und dann versucht, es mit dem Auto zu rammen. Als sie an ihm vorbeifuhren, kratzte der Bigfoot mit seiner Hand an der Fahrzeugseite entlang und zerstörte den Lack. Das war sicherlich eine Aktion, die man als aggressiv bezeichnen könnte. Eine derart wilde Story erregte natürlich das Interesse der Forscher. Sie baten die Zeugen mehrmals, alle Einzelheiten noch einmal durchzugehen, fanden aber in den verschiedenen Berichten keinerlei Diskrepanzen. Die jungen Leute beharrten darauf, daß sie weder lügen noch übertreiben würden. Genau in der gleichen Weise hatten sie die Vorfälle zuvor auch ihren Eltern und der Polizei geschildert, waren aber niemals ernst genommen worden.

Sollte ein Mensch bei einer Begegnung mit einem Bigfoot jemals die Nerven behalten und sich freundlich und ruhig verhalten, könnte er vielleicht sogar eine freundschaftliche Beziehung zu dem Wesen aufbauen. Im folgenden Fall scheint es fast dazu gekommen zu sein, dann jedoch gewannen aggressive männliche Instinkte die Oberhand und verdarben die Situation. Im Herbst 1966 fand ein Paar bei Lower Bank in New Jersey außerhalb seines Hauses ungefähr 45 cm lange Fußabdrücke mit nur vier Zehen, nachdem zuvor ein

Gesicht in immerhin 2,10 Meter Höhe in eines ihrer Fenster geschaut hatte. Danach legten sie vor ihrem Haus Gemüse aus, das auch prompt gegessen wurde. Die einzigen Delikatessen, die der Bigfoot verschmähte, waren Erdnußbutter und ein Marmeladensandwich. Als das Paar eines Abends vergessen hatte, etwas Eßbares nach draußen legen, hörte es plötzlich ein lautes, schepperndes Geräusch. Als der Ehemann nachschaute, stand er vor einem grauhaarigen Bigfoot, der einen Mülleimer an die Hauswand warf. Nachdem sich das Geschöpf von einem Schuß in die Luft nicht sonderlich beeindruckt zeigte, nahm der Mann es direkt aufs Korn und feuerte. Die Kreatur lief davon und kehrte nie mehr zurück.

1967 war für Bigfoot-Jäger ein großes Jahr. Nicht nur, daß es Roger Patterson gelang, in Kalifornien einen Bigfoot zu filmen, es gab auch noch eine ganze Reihe anderer aufregender Begegnungen. Über einige von ihnen werden wir im folgenden berichten.

Im Mai 1967 wurde aus The Dalles in Oregon berichtet, daß Teenager mehrere Male Bigfoots gesichtet und anschließend Freunde zusammengetrommelt hatten, um Jagd auf das Wesen zu machen. Bei der ersten Begegnung waren sie von einer 2,40 bis 2,70 Meter großen Kreatur in ein Feld gejagt worden. Sie durchbrach dabei einen Zaun und hielt anschließend inne, um sie genauer zu beobachten. Als die jungen Leute schnell in Richtung Straße davonliefen, rannte das Wesen ebenfalls los und stoppte jedesmal, wenn auch sie anhielten. Schließlich wurden sie von einem Auto zu einem nahe gelegenen Café mitgenommen. Von dort aus holten sie einige Freunde zusammen. Mit Knüppeln und Steinen bewaffnet kehrten sie zu der Stelle zurück, an der sie dem Monster begegnet waren. Dort sahen sie auf halber Höhe eines Berghangs eine Kreatur. Sie nahmen die Verfolgung auf, wurden von dem Wesen jedoch mühelos abgehängt. Am nächsten Abend kamen sie mit Gewehren bewaffnet zurück, sahen jedoch nur einen Bigfoot in großer Entfernung. In der dritten Nacht bestand die Gruppe aus zwölf Teenagern, die mit verschiedenen großkalibrigen Waffen ausgerüstet waren. Dennis Taylor und Dave Churchill trennten sich von den anderen und suchten auf eigene Faust. An dem bereits erwähnten Hang kamen sie an einen Baum, dessen Äste bis auf den Boden reichten. Als sie die Zweige beiseite schoben und in die Dunkelheit starrten, bemerkten sie plötzlich direkt vor ihnen, in zwei bis drei Metern Entfernung, eine riesige Gestalt, die trotz der geduckten Haltung, die sie momentan eingenommen hatte, immer noch über zwei Meter groß war. Dave Churchill reagierte sofort und schoß ihr mit seiner Waffe zweimal in die Brust. Die Schüsse warfen die Kreatur zu Boden, und sie überschlug sich zweimal; danach kam sie aber sofort wieder auf die Beine, preschte durch einen Zaun und riß dabei drei Pfähle aus dem Boden. Am nächsten Tag kehrten die beiden zurück, um ihr Opfer aufzuspüren, aber schon nach knapp hundert Metern verloren sie seine Spur, und auch Bluttröpfchen waren nicht zu sehen. Auch nach dieser Begebenheit wurden in der Gegend immer wieder Bigfoots gesehen, die die umherstreifenden Gruppen furchtlos und neugierig beobachteten. Bei einer Gelegenheit hatten sich fünf Jugendliche in zwei Gruppen aufgeteilt. Während die Zweiergruppe Ausschau nach den Bigfoots hielt, sahen sie plötzlich, wie eines dieser Wesen nur zwei bis drei Meter hinter den drei anderen Jungen auftauchte und sie beobachtete. Als es sich umdrehte, um wieder den Rückzug anzutreten, machte es die drei durch ein Geräusch auf sich aufmerksam. Sie behielten ihre Kugeln jedoch im Lauf, da sie sahen, daß der Bigfoot zurückwich. Vielleicht hatten sie mittlerweile auch eingesehen, daß Schüsse zu keinem Ergebnis führten.

Ein anderes Gebiet mit vielen Sichtungen befindet sich am Nooksack River in Washington. Im Herbst 1967 gab es dort mehr als ein Dutzend Sichtungen, was einige Forscher auf das Überangebot an Lachsen zurückführten, das es damals in diesem Fluß gab. Als das Ehepaar Brudevold im September dort angelte, sah es einen 2,40 Meter großen Bigfoot, der bis zu den Knien im Wasser stand. Dann glitt er ins Wasser, tauchte unter und blieb verschwunden. Im Uferschlamm fanden die Brudevolds später knapp 35 cm lange Fußabdrücke, die sich 5 cm tief eingedrückt hatten. Ihre eigenen Abdrücke waren hingegen nur etwa 1 Zentimeter tief. Die Schrittweite der Kreatur betrug knapp 1,15 Meter. Am 21. September fand man erneut knapp 35 cm lange Fußspuren, nachdem Mrs. Brudevold beim Nachtangeln einen Bigfoot gesehen hatte, der im Wasser urplötzlich einen Meter neben ihrem Boot aufgetaucht war.

Der vielleicht dramatischste Vorfall ereignete sich, als der Indianer John Green (nicht der Bigfoot-Forscher gleichen Namens) mit seinem Fischernetz des Nachts hinaustrieb und das Netz sich plötzlich verfangen zu haben schien. Als er mit seiner Lampe über das Wasser leuchtete, sah er einen 2,10 Meter großen Bigfoot, der versuchte, an die Fische in seinem Netz zu gelangen. Die Rufe des Indianers alarmierten zwei andere Angler, die sich in der Nähe befanden und herbeigeeilt kamen. Im Licht ihrer Lampen beobachteten sie, wie das Geschöpf auf eine Insel watete und dort zwischen den Bäumen verschwand. Bei Tageslicht suchten Green, seine Angelfreunde und ein Polizeibeamter die Stelle erneut auf und fanden über 40 cm lange Fußspuren. Green, der ganz sicher war, keinen Bären gesehen zu haben, bestand später einen Test mit dem Lügendetektor.

Eines der bedeutendsten Ereignisse in den Annalen der Bigfoot-Jagd fand am 20. Oktober 1967 statt, als es Roger Patterson gelang, einen weiblichen Bigfoot am

Bluff Creek in Kalifornien auf 16 mm-Farbfilm zu bannen. Insgesamt verschoß er neun Meter Film. Patterson und sein Freund Bob Gimlin, die dem Bigfoot bereits seit Jahren nachstellten und einige Gipsabdrücke riesiger Fußspuren angefertigt hatten, ritten etwa 40 km von der nächsten Straße entfernt durch die rauhe Wildnis. Da es sich bei dieser Gegend bekanntermaßen um Bigfoot-Territorium handelte, waren sie besonders auf der Hut. Als sie um eine Ecke bogen, sahen sie prompt einen Bigfoot am Ufer hocken. Im selben Moment bemerkten auch die Pferde das Wesen und scheuten. Pattersons Pferd stürzte zwar, er konnte sich jedoch befreien und zerrte seine Filmkamera aus der Satteltasche. Das Geschöpf schaute sie einen Moment lang an und ging dann in aller Ruhe davon. Um näher an das Wesen heranzukommen, nahm Patterson die Verfolgung auf und filmte dabei gleichzeitig. Beim Durchqueren des Flusses stolperte er und verlor fast den Halt. Als er noch etwa 25 Meter entfernt war, hielt er an, um einige klare Aufnahmen zu machen, denn der Bigfoot hatte noch einige Schritte über freies Gelände zu gehen, dann kamen Bäume, die ihn verdecken würden. Kurz bevor er die Baumgruppe erreichte, drehte er sich während des Gehens um und schaute direkt in die Richtung des Filmenden. In diesem Augenblick erkennt man auf dem Film große, hängende und behaarte Brüste, die erkennen lassen, daß es sich um ein Bigfoot-Weibchen handelt. Als es hinter den Bäumen wieder hervorkam, war die Entfernung schon ziemlich groß, und da Patterson in seiner Aufregung die Kamera nicht ruhig hielt, ist der gesamte Film relativ unscharf. Von den Fußabdrücken der Kreatur fertigten die beiden Männer später Gipsabdrücke an und maßen sie aus. Die Spuren waren knapp 37 cm lang und etwa 14 cm breit.

Wie mittlerweile bekannt ist, wurden die Filmaufnahmen Pattersons niemals systematisch von einer Wissen-

René Dahinden und Roger Patterson mit Gipsabdrücken der Bigfoot-Spuren, die 1964 am Bluff Creek in Kalifornien gefunden wurden. (RD/FPL)

schaftlergruppe untersucht, die auf den erforderlichen Gebieten das entsprechende Fachwissen besitzt, um die Echtheit des Film wirklich beurteilen zu können. Einzelne Wissenschaftler haben die Aufnahmen genau studiert und sahen sich vor ein Rätsel gestellt. Wenn der Film ein Schwindel ist, können sie nicht erklären, wie er durchgeführt wurde, denn für einen Menschen in einem Affenkostüm ist es unmöglich, sich auf die Art und Weise und so schnell zu bewegen wie die Kreatur im Film. Andererseits sind die Forscher der Überzeugung, daß, sollte es im Nordwesten der USA und in Kanada ein derartiges Wesen geben, dieses mit Sicherheit bereits entdeckt worden sein müßte. Die Bigfoot-Jäger betrachten die Filmaufnahmen jedenfalls als ihr stichhaltigstes

Beweisstück und freuen sich schon auf den Augenblick, an dem es einem anderen Filmer gelingt, von einem Bigfoot noch bessere Aufnahmen zu machen.

Der letzte bedeutende Fall aus dem Jahr 1967 ist eine weitere detailliert beschriebene Sichtung von Kreaturen, die durchaus als Bigfoots zu bezeichnen sind, wenngleich einige ihrer Merkmale nicht mit jenen typischen Charakteristika übereinstimmen, die in vielen anderen Berichten genannt werden. Es war Ende Oktober, und Glenn Thomas arbeitete in den Bergen bei Estacada in Oregon in etwa 1800 Meter Höhe mit seiner Motorsäge.

Er hatte gerade eine Pause eingelegt und machte auf einem Waldweg einen Spaziergang. Als er eine Lichtung erreichte, sah er dort drei behaarte, menschenähnliche Wesen zwischen einigen Felsen graben. Er nahm an, daß es sich um ein Männchen und ein Weibchen mit ihrem Jungen handelte. Sie schnüffelten an den Steinen, und als das Männchen das Gesuchte gefunden hatte, begann es wie wild zu graben und schleuderte dabei Steine in die Luft, die bestimmt 50 Kilogramm wogen.

Schließlich holte er ein Nest hervor, aus dem er, wie Thomas glaubte, Murmeltiere, Kaninchen oder andere Nagetiere hervorklaubte, die sich bereits im Winterschlaf befanden. Sie wurden von den Kreaturen mit Haut und Haaren verspeist. Eine Viertelstunde stand Thomas dort und beobachtete die Gruppe, bis er schließlich von ihnen bemerkt wurde, als sie schnell und lautlos im Wald verschwanden. Er beschrieb ihre Gesichter als mehr katzen- als menschenähnlich. Außerdem war ihm aufgefallen, daß sie beim Bewegen der Felsen kaum ihre Daumen gebrauchten.

Am 6. Januar 1968 konnten zwei Männer einen Bigfoot von einem ungewöhnlichen Aussichtspunkt aus beobachten. Robert James flog mit einem Kleinflugzeug über die Confidence Ridge, ein entlegenes Gebiet nördlich des Yosemite Nationalparks in Kalifornien, als er

38 cm langer Fußabdruck eines Bigfoot, gefunden am Blue Creek Mountain in Kalifornien im September 1967. *(RD/FPL)*

Ausschnitt aus Pattersons Film.

(RD/FPL: Foto Patterson/Gimlin, © 1968 Dahinden)

Der Kopf des Bigfoots vom Patterson-Film, vergrößert und übermalt – so könnte das Gesicht des geheimnisvollen Wesens ausgesehen haben.

(Christopher L. Murphy/FPL)

Bob Gimlin, der Patterson zum Zeitpunkt der Filmaufnahmen am Bluff Creek begleitete, zeigt die knapp 37 cm langen Gipsabdrücke, die sie von den Spuren des Bigfoot anfertigten. *(RD/FPL)*

Roger Patterson, der am 20. Oktober 1967 Bigfoot filmen konnte, auf einem nur wenige Stunden später in Bluff Creek aufgenommenen Foto. Patterson hält Gipsabdrücke der riesigen Fußstapfen hoch. (RD/FPL)

und sein Passagier Leroy Larwick am Boden ein braunes, zottiges und ungefähr drei bis dreieinhalb Meter großes Wesen entdeckten, das aufrecht stand. In der

Überzeugung, daß es kein Bär war, überflogen sie es ein zweites Mal, wobei Leroy Larwick einige Fotos machte. Danach landeten sie und kehrten zu der Sichtungsstelle zurück. Dort fanden sie über 50 cm lange Fußspuren, die sie ebenfalls fotografierten. Fotos von Bigfoots sind äußerst selten, und da wir das aus dem Flugzeug geschossene Foto niemals irgendwo publiziert gesehen haben, müssen wir davon ausgehen, daß auf ihm einfach nichts zu erkennen ist.

Im Frühjahr 1968 hatte Glenn Thomas nicht weit entfernt eine weitere Begegnung mit einem Bigfoot, der in etwa 30 Meter Entfernung gerade mit der Nahrungsaufnahme beschäftigt war und Blätter von einer Weide streifte. Thomas stieg eine Straßenböschung hinauf, um besser sehen zu können, und stellte fest, daß das Wesen Brüste besaß, die auffallend tief am Brustkorb ansetzten. Es war mit kurzen, dunkelbraunen Haaren bedeckt und zwischen 1,50 Meter und 1,80 Meter groß. Genau wie bei der Gruppe in den Felsen fiel auch Thomas auf, daß die Daumen des Geschöpfs weiter hinten an der Hand plaziert waren als beim Menschen und nicht eingesetzt wurden. Schließlich bemerkte ihn der Bigfoot und ergriff die Flucht.

In diesem Buch haben wir bereits mehrere Berichte angeführt, in denen sich bigfootähnliche Kreaturen auf eine Art und Weise verhielten, die nur als übersinnlich bezeichnet werden kann. In diese Kategorie fällt auch die folgende Schilderung: An einem Herbstabend im Jahre 1968 hörte die Familie Abbot, deren Farm in der Umgebung von Port Isabel in Ohio lag, ein Geräusch. Es klang, als ob irgend etwas auf Metall schlagen würde. Der fünfzehnjährige Larry Abbot, sein Vater und Arnold Hubbard, ein Verwandter, gingen nach draußen, um nachzuschauen. Sie hörten ein Rascheln, und plötzlich tauchte im Licht ihrer Taschenlampen aus dem Gebüsch etwa 15 Meter von ihnen entfernt eine riesige Kreatur auf, die

Das gebirgige und stark bewaldete Gebiet um Bluff Creek im nördlichen Kalifornien. *(RD/FPL)*

Glenn Thomas und René Dahinden auf Felsblöcken in der Nähe von Estacada, Oregon. Die Blöcke wurden im Oktober 1967 von einer Gruppe Bigfoots auf Nahrungssuche zur Seite geworfen.

direkt auf sie zukam. Sie war etwa drei Meter groß und an den gewaltigen Schultern etwa 1,20 Meter breit. Auffällig waren die hellbraune Behaarung und die langen Arme, die an den Seiten hin- und herschwangen. Die Zähne standen hervor, die Ohren liefen spitz zu, und die Augen glühten. Larry sagte hinterher folgendes: »Das Ding versetzte mich in eine Art Trance, ich konnte überhaupt nicht mehr sprechen. Vielleicht war es nur Angst, aber ich bekam einfach den Mund nicht mehr auf. Allen anderen ging es genauso. Vielleicht waren wir alle in einer Art Trancezustand.« Als sich die Kreatur duckte, verloren sie sie aus den Augen. Kurze Zeit später hörten sie das Geschöpf erneut, diesmal neben der Garage. Hubbard nahm Abbots Gewehr, und gemeinsam suchten sie das Grundstück ab. Als sie über ein offenes Feld gingen, sahen sie den Bigfoot plötzlich etwa 15 Meter von sich entfernt auftauchen. Larry richtete seine Lampe auf ihn, und Hubbard traf ihn gleich mit seinem ersten Schuß. Als Hubbard noch zwei weitere Kugeln auf ihn abfeuerte, stieß der Bigfoot einen schrecklichen Schrei aus. Danach beobachteten sie, wie er von einem weißen Dunst eingehüllt wurde. Als der Dunst sich eine Minute später verzogen hatte, war das Wesen verschwunden. Die beiden Männer suchten das Gelände ab, fanden aber weder Blut noch irgendeine andere Spur des geisterhaften Wesens. Am nächsten Tag wurde das gesamte Farmgelände durchkämmt, aber erneut nichts gefunden, das zur Lösung des Rätsels hätte beitragen können.

Etwas weniger unheimlich, aber immer noch seltsam genug, ist der Bericht über eine Sichtung in Deltox Marsh nahe Fremont in Wisconsin. Im November 1968 wurde dort mehrmals eine stämmige, menschenähnliche Kreatur gesehen, die außer im Gesicht und in den Handflächen vollständig mit dunkelbraunen Haaren bedeckt gewesen sein sollte. Am 30. November fand in Marsh eine Treibjagd statt, bei der zwölf Männer als

Treiber in einer Linie voranschritten. Die Treiber ganz links sahen das Wesen zuerst und gaben die Nachricht an die übrigen Männer weiter. Das Geschöpf verhielt sich zwar nicht aggressiv, hatte aber offensichtlich starkes Interesse daran, die Männer zu beobachten; sobald sie zurückwichen, bewegte es sich entsprechend nach vorn. Nach einer Weile entfernte es sich und verschwand hinter einigen Bäumen. Einige Wochen später wurden die Augenzeugen von den Biologen Ivan Sanderson und Dr. Bernard Heuvelmans befragt, die den Fall minutiös aufzeichneten. Wenngleich alle Männer bewaffnet gewesen waren, hatte niemand auf das Wesen geschossen. Alle gaben an, es habe einfach zu menschenähnlich ausgesehen.

Im November sah Glenn Thomas, dessen Sichtungen im Oktober 1967 und Frühling 1968 wir bereits aufgeführt haben, erneut einige Bigfoots. Zuerst fand er zwei Paar Spuren im Schnee, die etwa 40 cm lang waren. Er folgte ihnen über mehrere Kilometer, verlor sie aber, als die Schneebedeckung aufhörte. Am nächsten Tag sah er sich erneut in der Gegend um und entdeckte in einiger Entfernung einen dunklen Gegenstand im Schnee. Durch sein Fernglas erkannte er zwei schlafende Gestalten, die auf Knien und Ellbogen lagen, während der Rücken nach oben gerichtet war. Thomas ließ sich nieder, um sie weiter zu beobachten. Nach einer Stunde erwachten die Wesen und gingen an einen nahe gelegenen Bach, um dort einige Wasserpflanzen herauszureißen und zu fressen. Anhand ihrer hängenden Brüste erkannte Thomas, daß es Weibchen waren, von denen eine in Hitze zu sein schien, denn ihr Genitalbereich war angeschwollen. Gelegentlich stieß sie einen Schrei aus, der klang »wie ein Schrei in einer Echokammer«. Sie fraßen etwa eine halbe Stunde lang, und Thomas beobachtete, wie eines der Weibchen ins Wasser ging, um Exkremente auszuscheiden. Danach ruhten sie wieder eine Stunde aus und stiegen dann in die Wälder hinauf. Nach Angaben von Thomas waren die Kreaturen sehr stämmig, etwa 1,80 Meter groß und mit dunkelbraunen Zottelhaaren bedeckt. Einen Monat später hatte er während der Jagd auf einen Hirsch eine weitere Begegnung. Als er sich umschaute, blickte er direkt auf einen struppigen, dunkelbraunen und etwa 2,70 Meter großen Bigfoot, der nur etwa drei Meter entfernt stand und drohend beide Arme in die Luft gereckt hatte. Als Thomas versuchte, den unter seiner wasserdichten Kleidung verborgenen Revolver hervorzuziehen, ergriff das Wesen die Flucht und duckte sich hinter einen umgestürzten Baum. Thomas verzichtete daraufhin auf einen Schuß, da keine Gefahr mehr bestand.

Wir beenden das Jahr 1968 mit einem weiteren jener Berichte, die eher in das Schattenreich des Übersinnlichen mit all seinen Schrecken zu gehören scheinen. Die folgende Serie unheimlicher Begebenheiten ereignete sich in Salem, Ohio, in der Nähe von Youngstown. Wichtigste Augenzeugen waren die Mitglieder der Familie Allison. Im Frühjahr 1968 bemerkten sie, daß eine große, dunkle und menschenähnliche Gestalt aus dem nahe gelegenen Wald heraus ihr Haus beobachtete. Als es neben ihrer Zufahrt aufgestört wurde, flüchtete es tiefer in die Wälder. Sohn Bruce berichtete, es sei so schnell gewesen, daß es kaum den Boden berührt habe, während man doch eigentlich davon hätte ausgehen müssen, daß ein derart großes Wesen bei einer solchen Geschwindigkeit zwangsläufig über Wurzeln und Steine stolperte. Der Sohn fand auch die Stelle im Wald, an der es gelegen hatte. Dieses Geschöpf war aber nicht der einzige unheimliche Besucher des Allisonschen Grundstücks. Die Familie wurde auch durch ein ungefähr einen Meter langes und 90 cm hohes, katzenähnliches Tier in Angst versetzt, das häufig in der Einfahrt saß und im weichen Grund mehr als 7 cm breite Spuren hinterließ.

An Baumstämmen in der Nähe fanden sich zudem mehr als 15 cm lange Krallen- bzw. Kratzspuren. Die Familie, aber auch ihre Nachbarn, hörten die Riesenkatze des Nachts brüllen und keuchen, und einmal fand ein Nachbar auf seinem Auto die schmutzigen Abdrücke riesiger Pfoten. Als man beim Zoo im mehr als 110 km entfernten Cleveland anfragte, ob eines seiner Tiere entwichen sei, erhielt man die Antwort, daß keine Großkatze vermißt würde, daß es aber andererseits in Ohio kein Wildtier gäbe, auf das die Beschreibung passe, da der Puma oder Berglöwe in diesem Bundesstaat schon seit über einem Jahrhundert ausgerottet sei.

Ob zwischen den beiden mysteriösen Tieren irgendein Zusammenhang bestand oder nicht – es muß erwähnt werden, daß Mrs. Allison etwa zur gleichen Zeit auch noch ein UFO-Erlebnis hatte. Als sie aus dem Fenster blickte, sah sie ein schwarzes, unbeleuchtetes Objekt über einem Baum schweben. Es habe geklungen wie ein Hubschrauber und ausgesehen wie ein Flugzeug ohne Tragflächen. Die obere Hälfte glich einer Kuppel aus Plexiglas, in der ein Besatzungsmitglied mit olivgrüner Haut, Schlitzaugen und Khakihemd gesessen habe. Zwanzig Minuten lang habe der Flugkörper rüttelnd und stotternd über den Bäumen verharrt, bis er schließlich langsam weggeflogen sei.

Irgendwann im Juni 1969 im Gebiet Wildwood Inn im Trinity County, Kalifornien, hörten Bob Kelley und seine Familie um etwa halb neun Uhr abends draußen plötzlich Lärm. Als sie nachschauten, sahen sie einen 1,80 Meter großen, braunbehaarten Bigfoot mit einigen der Dorfhunde kämpfen. Er schleuderte die Hunde ein bis zwei Meter weit in die Luft, und einer der Hunde war über und über mit Speichel bedeckt, wies aber keinerlei Bißspuren auf. Als noch mehr Menschen am Kampfplatz auftauchten, trat der Bigfoot den Rückzug an und lief eine steile Böschung hinauf. Zwischen Bigfoots und

Hunden herrscht gewöhnlich extreme Antipathie, und wenn sich die Vierbeiner nicht winselnd vor Furcht davonschleichen, greifen sie den Bigfoot wütend an. Es gibt jedoch Ausnahmen: Im nächsten Fall geht es um einen Hund, der dem Bigfoot weder verängstigt noch aggressiv gegenübertrat.

Im Sommer 1969 machten sich mehrere Bigfoots immer wieder bei einer 30 Kilometer nördlich von Orofino, Idaho, gelegenen Sägemühle bemerkbar. Mr. Moore, der Nachtwächter, und mehrere Angestellte entdeckten im Sägestaub mindestens drei verschiedene Abdrücke nackter Füße. Einige waren riesig groß, andere schienen eher auf ein Kind hinzudeuten. Moore hatte auch gehört, wie die Kreaturen plapperten und Holz umherwarfen. Einmal beobachtete er fünf Minuten lang ein schwarzbehaartes, 1,80 Meter hohes Wesen mit großen roten Augen. Da es riesige Brüste hatte, ging Moore davon aus, daß es gerade ein Baby säugte. Der Bereich um die Brustwarzen sowie Hände und Gesicht waren haarlos, die Haut wies eine Rosafärbung auf. Es sonderte jenen unangenehmen Geruch ab, der in Berichten über den Bigfoot so oft beschrieben wird, ging aufrecht und bewegte sich flink und elegant. In Gesellschaft der Bigfoots sah Moore außerdem einen riesigen Hund. Dies ist also einer jener hochinteressanten und äußerst seltenen Fälle, in denen zwei seltsame und außergewöhnliche Tiere zusammen gesehen werden.

Der Hund war mit Sicherheit kein gewöhnlicher Vierbeiner, denn normalerweise ist das Verhältnis von Hund zu Bigfoot durch extreme Abneigung gekennzeichnet.

Am Abend des 12. Juli 1969 um halb zehn Uhr hielt sich Charles Jackson im Hof seines Hauses an der Cherokee Road auf, das etwa zwei bis drei Kilometer von Oroville, Kalifornien, entfernt lag. Er verbrannte gerade die Eingeweide von Kaninchen, und sein sechs-

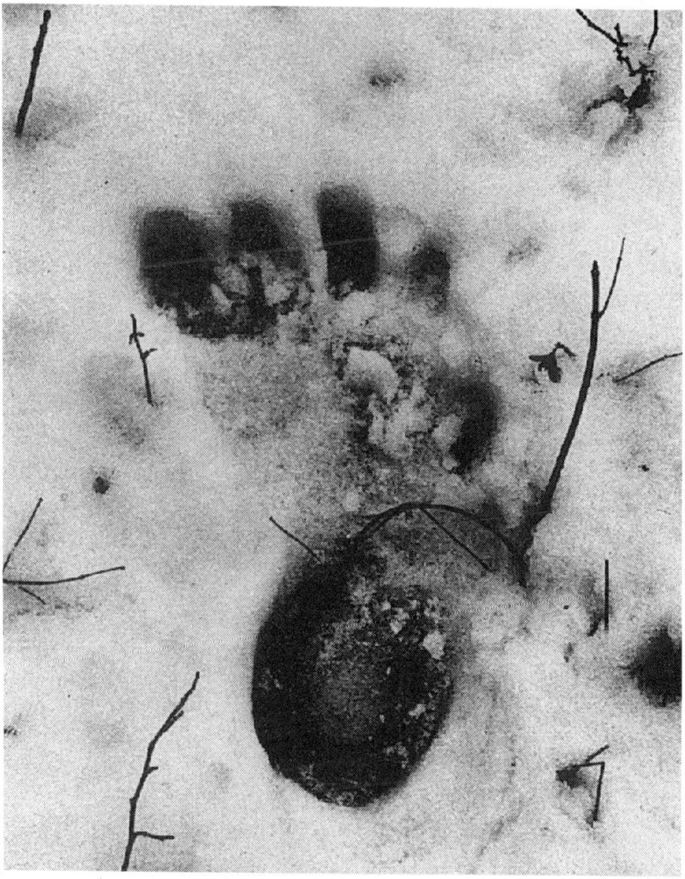

Fußabdruck des »Krüppels von Bossburg« – eine von über 1000 Fußspuren, die 1969 bei Bossburg in Washington gefunden wurden. (RD/FPL)

jähriger Sohn Kevin schaute ihm zu. Während sie die Flammen im Auge behielten, hörten sie hinter sich ein Geräusch, und als sie sich umdrehten, sahen sie in vier bis fünf Metern Entfernung einen Bigfoot stehen. Er war 2,10 bis 2,40 Meter groß, mit Ausnahme der Handflächen und des Gesichts vollständig mit 6 bis 7 cm langen grauen Haaren bedeckt und hatte große Brüste. Nach Angaben von Jackson erschrak das Geschöpf keines-

Charles Jackson und sein Sohn an der Stelle bei Oroville in Kalifornien, an der sie am 12. August 1969 einen Bigfoot beobachteten. (RD/FPL)

wegs, sondern wirkte eher irritiert, als ob es sich fragen würde, was sie dort täten. Jacksons erste Reaktion war, seinen Sohn zu schnappen und ins Haus zu laufen, wo sich seine für gewöhnlich sehr scharfen Hunde bereits hinter den Möbeln verkrochen hatten.

Als sie meinte, sich wieder nach draußen wagen zu können, rannte die Familie zum Auto und fuhr zur Polizeistation nach Oroville. Da die Polizei nicht gerade erpicht darauf war, dem Haus noch in der Nacht einen Besuch abzustatten, kehrten die Jacksons in den frühen Morgenstunden wieder zurück, und die Polizei kam am nächsten Tag vorbei, um nach dem Rechten zu sehen. Spuren waren auf dem harten Boden allerdings nicht zu entdecken. Homer Stickley wohnte an derselben Straße wie Jackson, jedoch näher an Oroville. Später im selben Monat sah auch er einen Bigfoot, der sich in größerer Entfernung über sein Grundstück bewegte. Stickley und seine Familie hörten außerdem des Nachts Schreie, und eines Morgens mußten sie feststellen, daß der Bigfoot mehrere Kilo Äpfel von den Bäumen gepflückt hatte, ohne daß ihre normalerweise sehr wachsamen Hunde angeschlagen hatten. In den folgenden Monaten gab es in der Gegend eine Vielzahl von Sichtungen, so daß die Stadt in der Folge von Bigfoot-Jägern belagert wurde, die Zeugen befragten und um Fußspuren und andere Beweisstücke wetteiferten.

Die Polizei neigt häufig dazu, während der Nacht hereinkommende und anscheinend völlig abwegige Meldungen einfach zu ignorieren. Wer kann es ihr verdenken? Ein Zeuge, der von den Beamten jedoch sehr ernst genommen wurde, war der 30jährige Verlin Herrington, Hilfssheriff im Gray's Harbour County im Staat Washington. Er sah seinen Bigfoot am Sonntag, dem 26. Juli, um 2.35 Uhr nachts. Er war zu dieser Zeit auf der Deekay Road in Richtung Copalis Beach unterwegs und fuhr nach Hause. Als er um eine Kurve bog, sah er plötzlich eine riesige Kreatur auf der Straße stehen, die er zuerst für einen Bären hielt. Er bremste scharf und rollte dann auf sie zu. Als er näher kam, bemerkte er, daß das Wesen keineswegs eine Bärenschnauze hatte, dafür aber an Händen und Füßen Finger bzw. Zehen besaß. Er strahlte es aus 20 bis 25 Meter Entfernung mit den Scheinwerfern an, während es langsam zum Rand der Fahrbahn ging. Dabei bewegte es sich nicht auf allen vieren wie ein Bär, sondern blieb aufrecht. Er zog seinen Revolver hervor, um dem Geschöpf ins Bein zu schießen und dann bei Tageslicht seine Spur zu verfolgen. Als er den Hahn spannte, verschwand die Kreatur jedoch zwischen den Bäumen am Straßenrand und war bald außer Sicht. Herrington schätzte, daß er sie etwa zwei Minuten lang beobachten konnte. Seinen Angaben zufolge war sie etwa 2,10 bis 2,40 Meter groß, wog um die 150 Kilogramm und war dunkelbraun behaart. Die Haare waren am Kopf etwa 8 bis 10 cm lang, am restlichen Körper etwas kürzer. Außerdem hatte der Polizist bemerkt, daß das Wesen behaarte Brüste mit schwarzen Warzen besaß. Auch das Gesicht war schwarz.

Herrington wollte sein Erlebnis eigentlich nicht öffentlich machen, beging aber den Fehler, in einer Bar zwei ungläubigen Kollegen davon zu erzählen. Das Gespräch wurde jedoch belauscht, und am nächsten Tag war seine Geschichte bereits in den Händen der Presse. Die beiden Kollegen, die Herrington sehr schätzten, kehrten am nächsten Tag mit ihm zusammen zur Sichtungsstelle zurück und fotografierten dort einen nicht sehr deutlich ausgebildeten Fußabdruck von etwa 43 cm Länge und knapp 18 cm Breite. Als Herringtons Geschichte veröffentlicht wurde, löste sie solches Aufsehen aus, daß der Sheriff sich gezwungen sah, den Vorfall zu dementieren: Herrington sei mittlerweile zu der Überzeugung gekommen, einen Bären gesehen zu haben; in Zukunft würden außerdem jegliche Informationen aus dem Büro des Sheriffs kommen und nicht von Herrington direkt. Diese Ankündigung trug wesentlich dazu bei, den Druck auf die Abteilung zu mildern. Die Erklärungen des Sheriffs bedeuteten jedoch nicht, daß er die Existenz des Bigfoot rundweg ablehnte oder es für komplett ausgeschlossen hielt, daß einer seiner Männer ein solches Wesen gesehen haben könnte. Einige Tage nach dem Presseembargo zeigte er sich gegenüber den anerkannten Bigfoot-Forschern John Green und René Dahinden, aus deren Veröffentlichungen wir die Nacherzählung des Vorfalls zusammengestellt haben, sehr kooperativ und war mit einer Befragung Herringtons einverstanden. Herrington hielt dabei natürlich seine ursprüngliche Version aufrecht: Er habe keinen Bären gesehen. Dahinden notierte außerdem, daß die Stelle des Deputy Sheriffs auf ein Jahr begrenzt ist. Im folgenden Jahr wurde Herrington nicht mehr weiterbeschäftigt.

Verlin Herrington, Deputy Sheriff im Gray's Harbour County im Bundesstaat Washington, sah am 27. Juli 1969 einen Bigfoot bei Copalis Beach. *(RD/FPL)*

Für Bigfoot-Jäger war 1969 ein bewegtes Jahr. Eine weitere wichtige Sichtung erfolgte am 24. August an der Baustelle des Big Horn Dam am North Saskatchewan River in Alberta. Um etwa halb zehn Uhr morgens waren der 19jährige Guy L'Heureuse und der 17jährige Harley Peterson in der Nähe des Flusses damit beschäftigt, die Fundamente eines Pumpenhauses zu legen, als Peterson eine große dunkle Gestalt bemerkte, die etwa 800 Meter entfernt auf einer 90 Meter hohen Böschung stand und sie offenbar beobachtete. Sie war etwa eine Stunde lang zu sehen; während dieser Zeit kamen Harleys Vater Stan und Floyd Engen, beide 46 Jahre alt, sowie der 21jährige Student Dale Boddy hinzu, die alle ebenfalls auf der Baustelle arbeiteten. Obwohl sie sich an derselben Böschung befanden, war es nicht leicht, sich der Gestalt zu nähern, da der Fluß an dieser Stelle einen Bogen machte. Für eine halbe Stunde stand die Kreatur dort und beobachtete. Dann setzte sie sich für zehn Minuten, um danach wieder eine Viertelstunde zu stehen. Dann ging sie am Flußufer entlang und war bald zwischen den Bäumen verschwunden. Da sie weder einen Fotoapparat noch Ferngläser zur Hand hatten, konnten die Männer die Sichtung weder dokumentieren noch die Kreatur detailliert beschreiben, alle waren jedoch sicher, daß sie ziemlich groß war. Um genauer schätzen zu können, gingen zwei der Männer zu der Stelle, an der das Wesen gestanden hatte, während die anderen an Ort und Stelle blieben. Zur ihrer Überraschung stellten sie fest, daß ein an derselben Stelle stehender Mensch um etwa zwei Drittel kleiner war als die Gestalt. Das würde bedeuten, daß sie mindestens viereinhalb Meter groß gewesen sein mußte! Spuren hatte sie auf der grasbewachsenen Böschung nicht hinterlassen. Als die Sichtung publik wurde, pilgerten Horden von Bigfoot-Jägern und Neugierigen zu der Baustelle, konnten dort aber nichts mehr entdecken. Die Veröffentlichung des Vorfalls ermutigte andere, von ihren Sichtungen zu erzählen.

Die in der Umgebung lebenden Indianer kannten das Wesen ebenfalls, zogen es aber vor zu schweigen, da sie seine Existenz für selbstverständlich hielten.

Wie bereits angedeutet, lassen einige Schilderungen den Schluß zu, daß Bigfoots anscheinend die Fähigkeit besitzen, elektrische Anlagen oder Motoren zu beeinflussen, oder in irgendwie gearteter Verbindung mit ihnen stehen. Diese Schlußfolgerung legt auch der folgende Fall nahe, der sich im September 1969 um drei Uhr nachmittags in der Nähe des Lost Trail Pass in Montana ereignete. Ein Mann, der mit einer Motorsäge Holz zuschnitt, merkte plötzlich, daß er beobachtet wurde. Als er die Säge ausschaltete und sich umdrehte, sah er sieben bis acht Meter hinter sich einen 2,10 Meter großen, schwarzbehaarten »Affenmenschen«, der bestimmt an die 150 Kilogramm wog. Da der Mann fürchtete, angegriffen zu werden, schaltete er die Säge wieder ein. Der »Affenmensch« bewegte sich zwar nicht, aber seine Nackenhaare stellten sich auf. Als der Mann das Gerät wieder ausschaltete, legten sich die Haare wieder. Schließlich zog sich das riesige Geschöpf zurück, wobei es den Menschen nicht aus den Augen ließ.

Der Bigfoot von Lake Worth, Texas, wurde 1969 gleich mehrmals gesehen. In einigen Julinächten war die durch das Naturreservat führende Straße voll mit Autos, weil die Bewohner der Umgebung beobachten wollten, wie das berühmte Monster einen Steilhang hinauf- und wieder hinabtollte. Einmal war es anscheinend verärgert, denn es griff sich einen Reifen und schleuderte ihn aus 150 Metern Entfernung auf die Zuschauer, die daraufhin hastig in ihre Fahrzeuge sprangen. Die Kreatur war angeblich 2,10 Meter groß, wog etwa 150 Kilogramm, war weißbehaart und ging wie ein Mensch. Allen Plaster, Besitzer des lokalen Bekleidungsgeschäfts, besaß ein verschwommenes Schwarzweißfoto, das den Rücken von etwas Weißem und Behaartem zeigt, bei dem es sich angeblich um den Bigfoot handeln soll. Die Autorin Sally Ann Clarke sah, wie das Geschöpf einen Stacheldrahtzaun einfach niederriß, anstatt ihn zu umgehen. Am 7. November übernachtete Charles Buchanan an einem See. Um zwei Uhr morgens erwachte er plötzlich, weil er, noch im Schlafsack liegend, aus seinem Pickup gezogen wurde. Der Geruch des Wesens war so betäubend, daß Buchanan es so schnell wie möglich wieder loswerden wollte. Er griff nach einer Tüte mit den Resten eines Hähnchens und warf sie dem Bigfoot direkt ins Gesicht. Der packte die Tüte mit den Zähnen, brummelte unzusammenhängend und schlurfte dann zum Wasser, um mit kräftigen Stößen zur Greer-Insel zu schwimmen.

Im Januar 1970 waren vier junge Männer bei Whitewater in New Mexico mit ihrem Auto unterwegs, als sie plötzlich Besuch erhielten: Ein behaartes, knapp 1,70 Meter großes Wesen lief aufrecht neben ihrem Auto her, mit dem sie etwa 70 km/h fuhren. Sie drehten die Fenster hoch und verriegelten die Türen, und Fahrer Clifford Heronemus beschleunigte auf knapp hundert Stundenkilometer, mehr ließ die kurvenreiche Strecke nicht zu. Da die Kreatur nicht zurückfiel, wurde ein Gewehr hervorgeholt, und einer der Insassen feuerte auf sie. Daraufhin stürzte das Wesen, stand aber sofort wieder auf und rannte davon. Von Blut keine Spur.

Auch der folgende Fall zeigt, daß Bigfoots von Autos und ihren Besitzern offenbar magisch angezogen werden. Louise Baxter hatte bereits im November 1969 einen Bigfoot vor ihrem Wagen über die Straße wechseln sehen. Im August 1970 hatte sie dann länger das Vergnügen, als sie bei North Bonneville in Washington plötzlich ein seltsames Geräusch hörte. Sie hielt an, da sie annahm, es handele sich um einen Reifenschaden. Da aber alle Reifen in Ordnung waren, schaute sie unter den

Wagen, um zu sehen, ob sich dort eventuell etwas verhakt hatte. Was dann geschah, schilderte sie wie folgt:

> Ich merkte plötzlich, daß ich beobachtet wurde. Ohne mich aufzurichten, schaute ich in den Wald neben der Straße und sah direkt in das Gesicht der größten Kreatur, die ich jemals gesehen habe, wenn man einmal von dem Wesen absieht, das im November vor mir über die Straße huschte.
>
> Die Kreatur war kokosnußbraun, zottig und schmutzig. Ihre Hand hatte sie zu einer riesigen Faust geballt und zum Maul geführt. Das Maul war leicht geöffnet, und ich sah eine Reihe großer, eckiger, weißer Zähne.
>
> Der gewaltige Kopf schien direkt auf den Schultern aufzusitzen. Die Ohren waren durch das ungefär zwei bis drei Zentimeter lange Kopfhaar nicht sichtbar.
>
> Das Wesen hatte ein vorspringendes Kinn und eine fliehende Stirn. Nase und Oberlippe waren weniger behaart; die Nase war breit, mit großen Nasenlöchern.
>
> Am auffallendsten waren die Augen. Sie waren bernsteinfarben und schienen zu glühen wie die eines Tieres, das nachts von Autoscheinwerfern erfaßt wird.
>
> Es schien vorerst an Ort und Stelle bleiben zu wollen. Offenbar fraß es gerade, denn die linke Faust, in der sich anscheinend etwas Eßbares befand, blieb weiterhin am Maul.
>
> Ich schrie oder brüllte, aber ob ich überhaupt irgendeinen Laut ausstieß, kann ich nicht sagen, so verängstigt war ich. Ich weiß noch, daß ich vollkommen bewegungslos blieb, als ich das Wesen anstarrte. Wie ich zurück ins Auto kam und wie ich den Motor anließ, daran kann ich mich nicht mehr

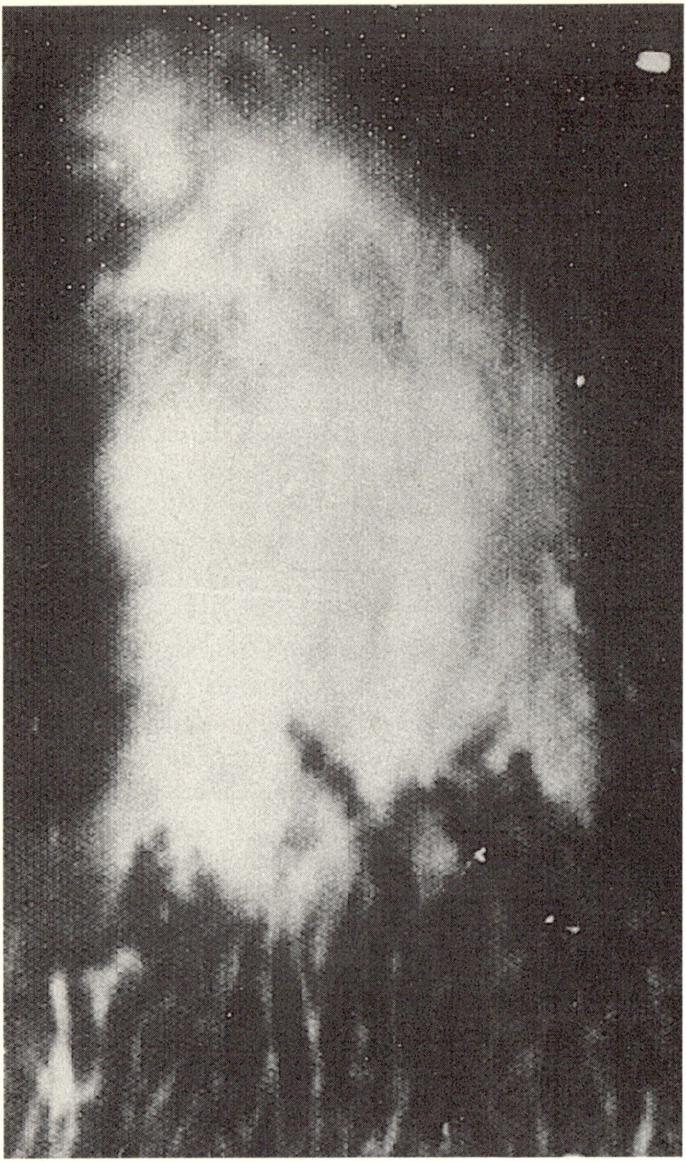

Foto eines angeblich weißen Bigfoot, der zwischen Juli und November 1969 häufig im Gebiet von Fort Worth in Texas gesehen wurde.
(Loren Coleman)

erinnern. Als ich wegfuhr, konnte ich ihn immer noch dort stehen sehen, die ganzen drei oder dreieinhalb Meter.

Die nächsten beiden Berichte lassen darauf schließen, daß man mit einigen dieser Wesen, wenn man sich ihnen ruhig und friedlich nähert, durchaus auf einer einfachen Ebene kommunizieren kann. Kommen wir zuerst zum Erlebnis Archie Buckleys. Seine Begegnung mit einem Bigfoot fand am 18. Juni 1970 im Trinity National Forest in Kalifornien statt. Buckley, Bigfoot-Forscher seit 1937, zeltete dort in der Hoffnung, auf einen Bigfoot zu treffen. Nachdem er einen großen Fisch als »Köder« in einen Baum gehängt hatte, ließ er sich am Feuer nieder und sandte freundliche Gedanken aus, da er der Überzeugung war, daß Bigfoots spüren können, ob ein Mensch freundliche oder feindliche Absichten hegt. Aus diesem Grund trägt Buckley auch niemals eine Waffe. Es wurde drei Uhr morgens, aber vom Bigfoot war weit und breit nichts zu sehen, so daß Buckley schließlich in seinen Volkswagen stieg. Bald darauf ging der Mond unter, und plötzlich wußte der Forscher, daß sich etwas im Lager befand. Er richtete den Strahl seiner Lampe auf den Fisch, der aber noch genauso am Baum hing wie zuvor. Er schwang den Strahl herum und erwischte zwei glühende Augen, die etwa dreißig Meter entfernt waren. Drei Minuten lang beobachtete Buckley dann einen mehr als 2,20 Meter großen, dunklen und behaarten Bigfoot, der etwa 200 Kilogramm wog. Als er jedoch einen Moment den Blick von ihm abwandte, um eine bequemere Position zu finden, verlor er ihn aus den Augen. Am Morgen entdeckte er zahllose Fußspuren, knapp 40 cm lang und etwa 17 cm breit. Einige davon fanden sich ganz nah am Volkswagen, als ob sich der Bigfoot angeschlichen und einen Blick in das Auto riskiert hätte.

Am 11. August zelteten Ben E. Foster jr., Sharon Gorden und Richard Foster bei Basin Gulch im Trinity National Forest. Obwohl sie sich eigentlich auf einem Angelausflug befanden, hatten sie in der Hoffnung, einen Bigfoot anzulocken, Fisch, rohes Huhn und Gemüse als Köder ausgelegt. Um kurz nach acht Uhr, bei Einbruch der Dunkelheit, entdeckte Sharon dann tatsächlich einen Bigfoot, der sie von der Kuppe eines etwa 50 Meter entfernt liegenden Hügels aus beobachtete. Ben ging bis auf 20 Meter auf ihn zu. Einige Augenblicke schauten sie sich einfach nur an. Als Ben dann noch ein paar Schritte vorging, schleuderte der Bigfoot einen mehr als zwei Kilogramm schweren Felsbrocken auf ihn, der etwa zwei Meter links von ihm landete. Ben zog sich daraufhin schnell zum Lager zurück, und alle stiegen ins Auto. Der Bigfoot hatte ebenfalls die Flucht ergriffen und war eine Rinne hinaufgerannt. Etwa eine halbe Stunde später gingen Ben und Richard erneut den Pfad hinauf in der Hoffnung, das Geschöpf wiederzusehen, es blieb jedoch verschwunden. Während ihrer Abwesenheit sah Sharon, die im Auto geblieben war, knapp zehn Meter entfernt einen weiteren Bigfoot, der in die Wälder floh, als sie versuchte, den Motor anzulassen. Als sie an diesem Abend um das große Feuer saßen, konnten sie im nahen Wald die Umrisse mehrerer Kreaturen und mindestens vier in der Dunkelheit leuchtende Augenpaare erkennen. Während Sharon die Nacht im Auto verbrachte, schliefen Ben und Richard neben dem Feuer in ihren Schlafsäcken. Um halb fünf Uhr morgens wurde Sharon durch laute Schritte geweckt und erspähte neben dem Auto eine dunkle Gestalt, die über die breite Motorhaube griff und mit der Antenne spielte, an der Bens Hemd aufgehängt war. Dann verschwand sie wieder in der Dunkelheit. Am nächsten Tag fanden die drei um das Lager zahllose Fußspuren und fertigten vier einwandfreie Gipsabdrücke an. Am Abend dieses

12. August sahen sie die Kreaturen erneut, und Ben konnte sich einer bis auf etwas mehr als zwanzig Meter nähern. Das Wesen gestikulierte, indem es die rechte Hand von seinen Hüften aus mehrere Male nach außen streckte, und Ben wiederholte die Bewegung. Insgesamt tauschten sie drei- oder viermal Gesten aus. Dann wich der Bigfoot einige Schritte zurück, drehte sich um, machte eine letzte Bewegung, die von Ben ebenfalls wiederholt wurde, und ging dann seines Weges. Ben kehrte zum Lager zurück. Per Telefon holten die drei noch weitere Forscher herbei, aber die Bigfoots tauchten nicht mehr auf.

Nach Angaben von Ben, Sharon und Richard waren die Bigfoots zweieinhalb bis drei Meter groß und wogen etwa 200 bis 250 Kilogramm. Sie waren kräftig gebaut und dunkel, mit Ausnahme der von Sharon beobachteten Kreatur, die eine helle Färbung aufwies. Die Köpfe seien eiförmig, die Gesichter unbehaart und schokoladenbraun und die Augen klein, rund und unter buschigen Augenbrauen versteckt gewesen. In der Nacht hätten die Augen im Licht des Lagerfeuers rot geglüht.

Im Gegensatz zu den vorangegangenen Fällen war die Zeugin im nächsten Bericht auf eine Begegnung mit einem Bigfoot nicht nur unvorbereitet, sondern wurde vollkommen überrascht. Am 29. August 1970 hörte eine junge Frau in Wilsonville, Oregon, in einem Waldstück auf dem Gelände ihrer Farm jemanden schießen. Sie ging hinaus, um nachzuschauen. Als sie den Waldrand erreicht hatte, legte sie ihr Gewehr ab, um durch einen Stacheldrahtzaun zu steigen. Noch bevor sie sich wieder aufrichten konnte, griff etwas nach ihr und schleuderte sie zurück über den Zaun.

Sie konnte lediglich registrieren, daß das Wesen groß und behaart war und sehr unangenehm roch. Sie landete zehn bis zwölf Meter vom Zaun entfernt in einem Distelfeld. Die Pflanzen zerkratzten sie zwar, dämpften aber

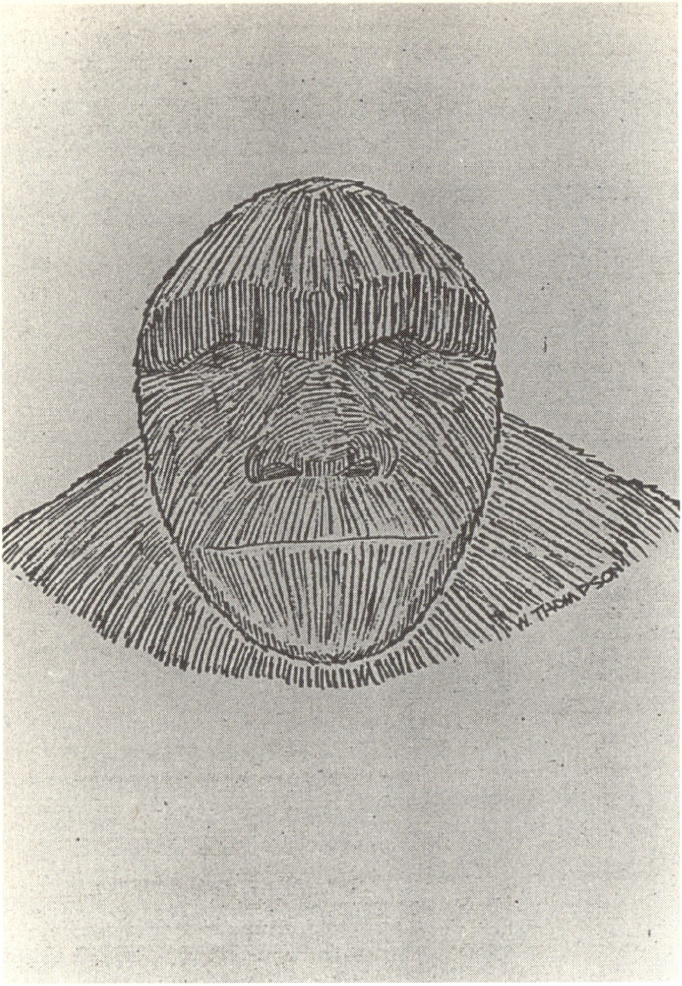
W. THOMPSON

Zeichnungen des Bigfoots, der am 11. August 1970 am Basin Gulch-Zeltplatz im Trinity National Forest in Kalifornien gesehen wurde. Die Skizzen entstanden nach den Beschreibungen von Ben E. Foster jr. und Sharon Gorden. *(Warren Thompson)*

auch den Aufprall, so daß sie nicht ernsthaft verletzt wurde. Als sie sich wieder aufgerappelt hatte, war der Bigfoot bereits verschwunden.

Wir beenden 1970 mit einem weiteren Fall, in dem ein Bigfoot im Wasser gesehen wurde. Der Vorfall ereignete sich an einem kleinen See in der Nähe von Priest Lake im nördlichen Idaho, irgendwann im Jahr 1970. Zwei Angler sahen einen Bigfoot über den See schwimmen. Wie er seine Gliedmaßen beim Schwimmen genau einsetzte, konnten sie nicht sehen, da die Arme unter der Wasseroberfläche blieben. Als er das Ufer erreicht hatte, schüttelte er sich das Wasser von den Armen und verschwand im hohen Gras. Wie in so vielen Fällen schien der Bigfoot auch hier genau zu wissen, was er tat, und die Menschen, die ihn dabei beobachteten, konnten ihn nur staunend gewähren lassen.

7

Bigfoot-Phantome und UFOs: 1971 – 1975

Seit den frühen fünfziger Jahren war die Stadt Fouke in Arkansas immer wieder Schauplatz von Bigfoot-Sichtungen, die später sogar unter dem Titel *The Legend of Boggy Creek* verfilmt wurden. Dieser Kinofilm war teilweise fiktiv, teilweise beruhte er aber auch auf Tatsachen. Ganz und gar real war aber zweifellos die Gestalt, die in der Nacht vom 1. auf den 2. Mai 1971 durch das Fenster von Mrs. Ford spähte, als diese in ihrem neuen Haus in Jonesville, einem Stadtteil von Fouke, im Wohnzimmer auf dem Sofa lag. Das Wesen hatte glühend rote Augen und eine große, wie eine Klaue geformte und behaarte Hand, die es durch ein Loch im Insektengitter des Fensters steckte. Mrs. Ford schrie natürlich auf, und ihr 25jähriger Mann Bobby und sein Bruder Douglas liefen nach draußen, um den Eindringling zu stellen. Zwischen den Bäumen am Haus sahen sie ein kräftig gebautes, etwa 1,80 Meter großes und vollständig behaartes Wesen. Während es sich weiter in den Wald zurückzog, feuerte Douglas sein Gewehr auf es ab. Sie riefen den Constable Ernest Walraven aus Fouke an, der einige Spuren entdeckte. Eine Stunde später kehrte die Kreatur zurück und trat gegen die Tür. Als man erneut auf sie feuerte, »verschwand« sie. »Verschwinden« ist in diesem Zusammenhang ein trügerisches Wort: Ist die Kreatur in den Wald geflüchtet, oder hat sie sich vor ihren Augen buchstäblich in Luft aufgelöst? Wie wir immer wieder gehört haben, können diese Wesen angeblich beides. Als Bobby in den frühen Morgenstunden des 2. Mai einen Spaziergang machte, griff etwas nach ihm und riß ihn zu Boden, er konnte sich aber befreien. Er wurde ins Krankenhaus gebracht, wo seine zahlreichen Kratzer behandelt wurden. Am nächsten Tag fanden Beamte des Sheriffs die für den Bigfoot typischen großen Fußabdrücke. Das offen aggressive Verhalten des Bigfoot entsprach ganz und gar nicht dem normalen Verhaltensmuster des Fouke-Monsters, für das Bewohner der Gegend sogar Sympathie empfanden, die sie durch das Tragen von T-Shirts mit Rettungsaufrufen für das Monster und die Organisation von Monsterwettbewerben für Kinder zum Ausdruck brachten.

Nur einen Monat nach der Fouke-Sichtung tauchte ein Bigfoot einige Male beim Pinewood Mobile Manor auf, einem Wohnwagenstellplatz in der Nähe von The Dalles in Oregon. Am 1. Juni 1971, einem schönen, sonnigen Tag, kamen Dick Ball, Jim Forkan und Frank Verlander, die drei Besitzer des Stellplatzes, zu einem geschäftlichen Treffen im Büro zusammen. Beim Blick aus dem Fenster schaute man über eine Wiese, die von einer Felsenklippe begrenzt wurde. Zwischen einigen niedrigen Eichen und den Felsen, die im Laufe der Jahre von den Klippen gestürzt waren, sahen die Männer plötzlich ein dunkles, 2,20 bis 2,40 Meter großes Wesen auftauchen. Es war etwa 230 Meter entfernt. Ungefähr 20 Sekunden konnten sie beobachten, wie es zögerlich zwischen den Felsen umherstreifte, bevor es aus ihrem Blickfeld verschwand.

Am Abend des folgenden Tages kehrte Richard Brown, ein auf dem Stellplatz wohnender Musiklehrer, mit seiner Frau von einer Chorprobe zurück. Plötzlich sahen sie im angrenzenden Feld eine riesige Kreatur. Brown holte ein Gewehr mit Zielfernrohr aus seinem Wohnwagen und beobachtete das nur etwa 130 Meter entfernte Wesen fünf Minuten lang. Er beschrieb es als etwa drei Meter groß, muskulös und behaart. Es habe etwa zwischen 270 und 360 Kilogramm gewogen. Brown, ein erfahrener Jäger, war sicher, daß er keinen

Affen oder Bären vor sich hatte. Nachdem er es über das Fernrohr ins Visier genommen hatte, spielte er mit dem Finger bereits am Abzug, konnte aber einfach nicht abdrücken: »Es schien mehr ein Mensch als ein Tier zu sein.« Gleich zweimal wurde der Bigfoot von John Mederios beobachtet, der auf dem Stellplatz Wartungsarbeiten durchführte. Forscher, die alle Augenzeugen befragten, waren von deren Aufrichtigkeit überzeugt.

Als Joan Mills und Mary Ryan auf dem Highway 79, einer Nebenstraße bei Louisiana in Missouri, ihren Volkswagen anhielten, suchten sie nach einem ruhigen Plätzchen für ein Picknick. Es war Juli 1971. Sie hatten gerade ihren Lunch geholt und mit dem Essen begonnen, als sie von einem infernalischen Gestank fast betäubt wurden. »Ich habe noch nie einen derartig üblen Geruch erlebt«, erzählte Mary Ryan später.

Joan Mills dachte zuerst, eine ganze Horde Stinktiere sei im Anmarsch. Dann aber bemerkte sie die Gestalt, die hinter ihnen in den Büschen und hüfthohen Sträuchern stand. Mary beschrieb sie als halb Mensch, halb Affe: »Das Gesicht war auf jeden Fall das eines Menschen ... es sah aus wie ein behaarter Mensch.« Mit einem gurgelnden Laut kam der Bigfoot auf die beiden Frauen zu, die daraufhin in ihr Auto sprangen und die Türen verriegelten. Das Wesen kam zum Auto, scheuerte mit den Händen daran und versuchte dann, die Türen zu öffnen. Einfach davonfahren konnten die Frauen nicht, weil sie die Autoschlüssel an ihrem Picknickplatz zurückgelassen hatten. Sie konnten deshalb nur hoffen, daß der Bigfoot irgendwann das Interesse an ihnen verlieren würde. Als Joan Mills auf die Hupe drückte, machte er einen Satz zurück und hielt anschließend einen größeren Abstand zum Auto. Dann untersuchte er den Picknicktisch, roch kurz an einem Erdnußbuttersandwich und fraß es auf. Schließlich schnappte er sich Joans Handtasche, in der sich die

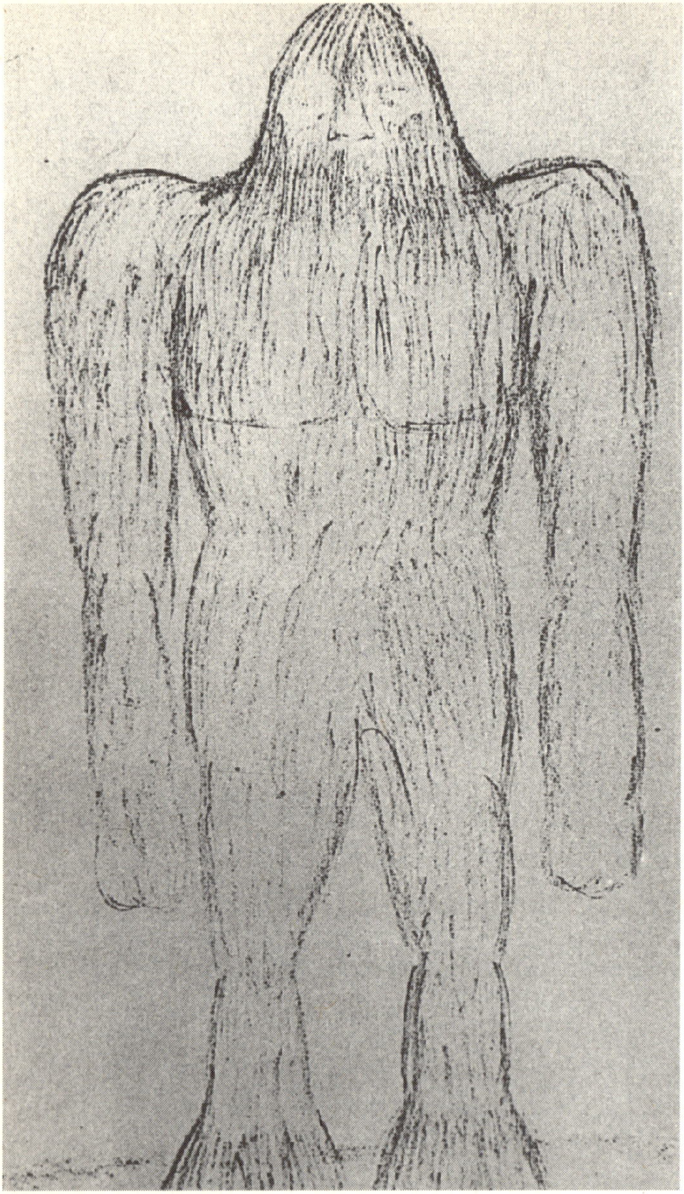

Zeichnung des Musiklehrers Richard Brown, der am 2. Juni 1971 bei The Dalles in Oregon einen Bigfoot durch ein Feld gehen sah. *(RD/FPL)*

Richard Brown an der Stelle, von der aus er den Bigfoot beobachtete.

(RD/FPL)

Autoschlüssel befanden, ging einige Schritte in Richtung Wald, ließ die Tasche fallen und schlenderte dann gemächlich weiter, bis er zwischen den Bäumen nicht mehr zu sehen war. Joan stürzte sofort aus dem Auto, um Handtasche und Schlüssel aufzulesen. Danach fuhren sie so schnell wie möglich davon.

Bei Sharpesville in Indiana lief im Juni oder Juli 1971 eines Nachts ein Farmer, der im betreffenden Bericht nur mit den Initialen DK bezeichnet wird, in seinen Hof, um nachzusehen, was seinen Hund Zipper so in Aufregung versetzte. Dort sah er, wie der Hund ein großes, behaartes Wesen anknurrte und angriff, das zwar einen affenähnlichen Körper besaß, dessen Kopf aber weder wie der eines Affen noch wie der eines Menschen aussah. Nach Angaben des Farmers wirkte er eher wie ein fellbesetzter Helm. Der Bigfoot war etwa 2,70 Meter groß und am ganzen Körper mit dreckigen, strähnigen Haaren bedeckt. Er strömte einen stechenden und ekelerregenden Gestank aus, der an verwesendes Fleisch und faules Gemüse erinnerte, und schwang seine langen Arme »wie in Zeitlupe« in Richtung Hund, ohne ihn allerdings zu treffen. Dabei stieß er ein tiefes Grollen aus. Obwohl ihn der Hund ständig mit gefletschten Zähnen bedrohte, gab es kaum richtigen Körperkontakt zwischen den beiden, so daß trotz wilden Getöses keiner ernsthaft verletzt wurde. Nach Angaben von DK wirkte das Wesen irritiert und unsicher, als ob es in dieser Situation nicht recht wüßte, was zu tun sei. DK lief ins Haus, um sein Gewehr zu holen. Als er wieder hinauskam, flüchtete der Bigfoot in Richtung Fluß. Obwohl er bereits zu weit entfernt war, sandte ihm der Farmer zwei Kugeln nach. Als er dem Sheriff den Vorfall schilderte, wurde er ausgelacht, so daß er den Behörden die nachfolgenden Besuche des Bigfoot nicht mehr meldete. Den Forschern Don Worley und Fritz Clemm erklärte DK jedoch, daß die Kreatur noch fünf weitere Male zu seinem Haus gekommen sei, jedesmal in der Nacht. Und obwohl er ihr bis zum Fluß gefolgt sei, habe er sie nie deutlich genug gesehen, um einen erfolgversprechenden Schuß ansetzen zu können. Das Wesen sei sehr schlau und bewege sich immer so, daß sich zwischen ihm und seinem Verfolger ein Hindernis befinde. Einmal, als er den Bigfoot ins dichte Unterholz verfolgt habe, habe dieser den Spieß umgedreht und sei nun seinerseits seiner Spur gefolgt, wie DKs Mutter vom Haus aus beobachtete. Im Winter desselben Jahres entdeckte DK, daß ein kleiner Teich aus unerklärlichen Gründen ausgetrocknet war. Daneben bemerkte der Farmer einen Kreis aus Gras und Gesträuch, der einen Durchmesser von neun bis zwölf Metern aufwies und entgegen dem Uhrzeigersinn verwirbelt und niedergedrückt war. Diese Art »Nest« wurde bereits in anderen Teilen der Erde gefunden und genau wie ausgetrocknete Teiche mit UFO-Landungen in Verbindung gebracht. Wenngleich UFOs häufig Interesse an Teichen und anderen Gewässern zeigen, gibt es keinen endgültigen Beweis dafür, daß sie tatsächlich die Ursache für diese »Nester« oder von Austrocknungen sind. In Verbindung mit Bigfoot-Sichtungen müssen diese Phänomene interessehalber jedoch erwähnt werden.

Die Kreatur suchte DKs Grundstück auch weiterhin heim. Im Frühjahr 1972 hatten er und sein Bruder geheiratet, sie lebten zusammen mit ihren Ehefrauen in dem Haus. Als die beiden Brüder eines Abends zurückkehrten, fanden sie ihre Frauen äußerst aufgeregt vor. Die Frauen erzählten, daß der Bigfoot versucht habe, ein Aluminiumfenster aufzubrechen. Draußen hing zwar der typische strenge Geruch in der Luft, der beschädigte Fensterrahmen wies aber merkwürdigerweise keine Kratzspuren auf. Auch das ihn umgebende Holz war unversehrt. Im Herbst kehrte der Bigfoot zwei weitere Male zurück. Beim ersten Mal wurde er von DK vom Haus aus gesehen und in Ruhe gelassen, beim zweiten Mal folgte er ihm mit dem Gewehr, kam aber erneut nicht näher an ihn heran.

Ein äußerst merkwürdiges Wesen tauchte im August 1972 in Roachdale, Indiana, auf. Anfang des Monats spürten Randy und Lou Rogers die Anwesenheit einer unheimlichen, geisterhaften Erscheinung, die sich auf ihr außerhalb der Stadt liegendes Anwesen zu konzentrieren schien. Ständig klopfte irgend etwas an Fenster und Hauswände, und die Intensität dieser Phänomene schien mit jeder Nacht zuzunehmen. Als Rogers mit dem Gewehr in der Hand nach draußen lief, erhaschte er gerade noch einen Blick auf einen kräftig gebauten, 1,80 Meter großen Bigfoot, der auf ein angrenzendes Getreidefeld zusprang. In den darauffolgenden zwei bis drei Wochen kam die Kreatur jeden Tag zwischen zehn und halb zwölf Uhr abends zum Haus, es roch dann stark nach Aas oder fauligem Müll. Neben der natürlich vorhandenen Angst besaß Mrs. Rogers auch ein gesundes Maß an Neugier. Sie kam zu dem Schluß, daß, wenn der Bigfoot sie hätte verletzen wollen, er dies schon unzählige Male hätte tun können. So ließ sie für ihn draußen Essensreste liegen, die er auch gerne annahm. Manchmal sprang er auch vor ihrem Küchenfenster auf und ab und schaute hinein. Obwohl er auf zwei Beinen stand, bewegte er sich auf allen vieren fort, und selbst in dieser Position war er mit knapp über 1,70 Meter immer noch so groß wie Mr. Rogers. Noch beunruhigender war die Tatsache, daß er selbst im Schlamm keine Spuren hinterließ. Die Gesetze der Physik schienen für das Geschöpf keine Gültigkeit zu besitzen, denn beim Laufen berührte es kaum den Boden, und selbst im dichten Unterholz bewegte es sich vollkommen lautlos. Manchmal hatten die Rogers' sogar den Eindruck, durch das Wesen hindurchsehen zu können.

Die beiden waren nicht die einzigen, die die Kreatur in dieser Gegend beobachteten. In der dritten Augustwoche berichteten etwa drei Dutzend Menschen über einen nächtlichen Eindringling. Mehrere Einheimische, darunter auch die Brüder von Mrs. Rogers, schilderten zudem einen Vorfall, der mit dem Bigfoot in Zusammenhang stehen könnte. Sie hatten ein leuchtendes Objekt über einem Maisfeld schweben sehen, in das sich die Kreatur nach jedem Besuch bei den Rogers' zurückzog. Schließlich sei das Objekt explodiert wie ein Flugzeug, es wurden aber keine Trümmer gefunden. Die Explosion hatte sich nur ein bis zwei Stunden vor Mrs. Rogers' erster Sichtung des unheimlichen Wesens ereignet. Mehrere Freunde unternahmen zusammen mit den Rogers' den Versuch, das Geschöpf einzufangen. Ein junger Mann, der anonym bleiben will, begegnete dem Bigfoot, als dieser vor ihm auf die Straße lief. Als der Bigfoot auf seinen Ruf nicht reagierte, habe er auf ihn geschossen. Das Wesen habe jedoch keinerlei Reaktion gezeigt und sei geflüchtet.

Am 22. August fanden Carter Burdine und sein Onkel Bill »Junior« Burdine sechzig tote Küken auf Carters Farm bei Roachdale. Die Kadaver waren zwar zerstückelt, aber nicht aufgefressen worden und lagen vom Hühnerhaus bis zum Vorderhof des Farmgebäudes in einem Umkreis von knapp zweihundert Metern verstreut. Später am Abend, als die beiden Männer zusammen mit dem zuständigen Marshal das Gelände absuchten, sauste nur knapp zwei Meter von Bill Burdine entfernt etwas Großes und Schweres über die Straße. Er konnte nicht erkennen, was für ein Wesen es genau war, dazu war es zu schnell. Allerdings muß es sehr kräftig und schwer gewesen sein, denn es durchbrach einen Zaun und hinterließ eine Spur niedergetrampelter Sträucher. Später, in den frühen Morgenstunden des folgenden Tages, kehrten die Burdines zu ihrer Farm zurück, nachdem sie Carters Frau zu Verwandten in der Stadt gebracht hatten. Als sie in den Hof fuhren, sahen sie in der über zwei Meter hohen Tür des Hühnerstalls einen gewaltigen Bigfoot stehen. Er füllte den Eingang komplett aus, so daß von innen kein Licht nach draußen drang, und sein Kopf ragte noch über den oberen Türrahmen hinaus. Verstärkt durch Carters Vater Herman trieben sie die Kreatur in dem Heuschober in die Enge. Sie konnte sich jedoch befreien und floh, von einem Kugelhagel begleitet, in die Dunkelheit. Die Burdines mußten feststellen, daß von ihren ursprünglich 200 Küken weitere 110 getötet worden waren. Der Bigfoot hatte sie auseinandergerissen und verbluten lassen, jedoch nicht gefressen. Der Fall wurde von dem Naturschutzbeamten William Woodall untersucht, der später erklärte: »Ich habe niemals einen konkreten physischen Beweis gefunden. Alles, was mir zur Verfügung stand, war eine Unmenge von Geschichten, in denen die Leute schilderten, was sie gesehen hatten. Spuren habe ich nicht gefunden, wahrscheinlich, weil der Boden sehr hart und die Vegetation hochgewachsen war.«

Die Häufigkeit, mit der Bigfoots neben oder beim Überqueren einer Straße beobachtet wurden, ließ schon früh darauf schließen, daß einer früher oder später Opfer eines Verkehrsunfalls werden würde. Solche Fälle gab es tatsächlich, einen davon Mitte Januar 1973. Ein unbekannter Lkw-Fahrer, der um halb acht Uhr abends eine Ladung Baumstämme vom Grant's Pass in Oregon nach Eureka transportierte, fuhr mit etwa 60 bis 65 Stundenkilometern um eine Kurve, als plötzlich eine rötlichbraune, aufrecht gehende und um die zwei Meter große Kreatur vor das Auto lief. Sie schien den Lastwagen nicht zu bemerken, der sie gleich darauf erfaßte. Nach dem Aufprall sprang das Wesen sofort zum linken Straßenrand. Durch den Motorenlärm hatte der Fahrer nichts gehört, war aber überzeugt, daß es kein Bär gewesen sein konnte, denn er hatte Bären schon des öfteren über die Straße wechseln sehen. Acht oder neun Kilometer weiter hielt er an, um sein Fahrzeug zu überprüfen. Die Frontpartie war schwer beschädigt und erforderte langwierige Reparaturen. Blut war allerdings nirgendwo zu entdecken. Ihm war aufgefallen, daß die

Kreatur keinen Hals und einen runden und eigentlich nicht affenartigen, sondern menschenähnlichen Kopf besaß. Die Arme seien allerdings sehr lang gewesen und hätten bis fast zu den Knien gereicht. Seine Geschichte fand nur wenig Glauben: Als er sie seinem Vorgesetzten erzählte, fragte dieser, ob er nicht zu tief ins Glas geschaut habe.

Ein weiteres Zusammentreffen auf dem Highway fand im April 1973 statt. Um sechs Uhr abends war Don Stratton etwa 20 Kilometer östlich von Estacada in Oregon unterwegs, als etwas aus dem Wald geworfen wurde und vor seinem Lkw auf der Fahrbahn landete. Er hielt an, um das Objekt zu untersuchen, das sich als Teil eines verrotteten Baumstumpfs herausstellte. Etwa sieben bis acht Meter hinter dem Begrenzungszaun der Straße bemerkte er dann ein Geschöpf, dessen braune Haare silberne Spitzen aufwiesen. Es grub gerade im Boden unter dem Baumstumpf und hatte dabei anscheinend ein Stück davon auf die Straße geschleudert. Als es sich aufrichtete, erkannte Stratton, daß es etwa 1,50 Meter groß war und breite Schultern, aber keinen Hals hatte. Er konnte die bronzefarbene Haut der Kehle und der muskulösen Brust erkennen, die beide haarlos waren, während der restliche Torso sowie Arme und Beine eine dichte Behaarung aufwiesen. Ein Zweig hing aus seinem Gesicht, in dem nur das Maul zu sehen war, das eine Zahnreihe erkennen ließ. Fangzähne fehlten allerdings. Der untere Teil des Gesichts war flach. Noch bevor er das seltsame Wesen näher unter die Lupe nehmen konnte, zog es sich zwischen die Bäume zurück und war verschwunden.

Fühlen sich einige Bigfoots zu bestimmten Menschen hingezogen und tauchen deshalb mehrmals hintereinander bei ihnen auf? Einige Bigfoot-Forscher halten dies durchaus für möglich, und es gibt einige Fälle, die diese Theorie untermauern. Ein solcher Fall ereignete sich im

Juni 1973 und umfaßt genaugenommen eine ganze Serie von Ereignissen, an denen vier junge Leute beteiligt waren. Sandra (13), Gail (16), Ricky (17) und Jessie (19) hatten Abfall zu einer Deponie transportiert, die in der Nähe des Ortes Gravel Pit Road im Nordwesten des Jefferson County in Arkansas lag. Als ein schweres Gewitter aufzog, warteten sie bei der Müllkippe in ihrem Auto auf Wetterbesserung. Plötzlich hörten sie den Kies knirschen und vernahmen gleich darauf einen Laut, der klang wie der in einem Knurren endende Schrei einer Frau. Als sie durch das Rückfenster blickten, sahen sie im Licht der Autorücklichter und der zuckenden Blitze eine dunkle, behaarte, 2,10 bis 2,40 Meter große Kreatur, die einen fauligen Gestank ausströmte wie von »verwesendem Fleisch«. Ihre Augen glühten rot, wahrscheinlich, so glaubten die vier Insassen, reflektierten sie die Rücklichter. Als sie in das Rückfenster schaute, startete Fahrer Ricky den Wagen und brauste so schnell wie möglich davon. Innerhalb der nächsten drei bis vier Stunden sahen sie diesen Bigfoot (oder ein ähnliches Wesen) noch drei weitere Male. Zuerst überquerte es vor ihnen die Straße. Später, als sie sich in Rickys Wohnung befanden, die ungefähr elf Kilometer von der Müllkippe entfernt lag, hörten sie Lärm bei einigen Kaninchenkäfigen und sahen den behaarten Riesen zurück in den Wald trotten. Schließlich wechselte er hinter ihrem Wagen erneut über die Straße, diesmal, als sie den Highway 270 hinunterfuhren. Am folgenden Tag entdeckten sie bei einer Suche auf der Müllkippe übergroße Fußspuren, an denen jedoch Klauen statt Zehen zu sehen waren. Im Mai und Juni wurden den Behörden des Jefferson County von den Einwohnern mehrere Sichtungen haariger Kreaturen gemeldet. Viele hatten außerdem des Nachts seltsame Schreie gehört. Da aber keine eindeutigen Beweise vorgelegt wurden, verwiesen die Behörden die Geschichten ins Reich der Fabel.

Im Sommer 1973 gab es gleich an mehreren Orten der USA eine Konzentration von Bigfoot-Sichtungen, so z. B. im Westmoreland County in Pennsylvania. Die einzelnen Berichte wurden hier von der *Westmoreland County UFO Group* untersucht und aufgezeichnet. Diese Gruppe wurde zwar ursprünglich nur zur Erforschung von UFOs gegründet, hatte ihren Tätigkeitsbereich mittlerweile aber auch auf die Bigfoot-Forschung ausgedehnt, da die Mitglieder von einem Zusammenhang zwischen beiden Phänomenen ausgingen. Auf einem großen Treffen von UFO-Forschern im Jahr 1974, dem *Mutual UFO Network Symposium*, berichtete Stan Gordon, der temperamentvolle Leiter der *WCUFOSG*, über die UFO/Bigfoot-Aktivität in Pennsylvania. Einer der von ihm aufgeführten Fälle lief folgendermaßen ab: Am Abend des 27. September 1973 um etwa halb zehn Uhr warteten zwei Mädchen auf eine Mitfahrgelegenheit aufs Land, als sie im Wald plötzlich ein weißes, behaartes Wesen mit roten Augen stehen sahen, das etwa 2,10 bis 2,40 Meter groß war. Noch überraschender war die leuchtende Kugel, die es in der Hand hielt. Vollkommen geschockt liefen die beiden nach Hause und erzählten dem Vater eines der Mädchen, was sie gesehen hatten. Der ging daraufhin in den Wald, um die Kreatur aufzuspüren, und blieb etwa eine Stunde lang fort. Der Vater, der dem *WCUFOSG*-Forscher bekannt war, bestätigte zwar, daß seine Tochter einen Bigfoot gesehen hatte, stritt jedoch ab, daß er in den Wald gegangen sei und hinterher mit den Worten »Einige Dinge sollte man besser in Ruhe lassen« jedem anderen den Gang in die Wälder verboten habe. Einige Personen aus der Umgebung behaupteten, während der Zeit, in der der Vater fort war, ein flugzeugähnliches Objekt gesehen zu haben, das unbewegt über dem Wald gestanden und einen Lichtstrahl zwischen die Bäume gerichtet habe. Nach Angaben von Menschen, die ihm nahestanden, schien sich der Mann nach dem

Vorfall verändert zu haben. Schon bald danach kaufte er ein Buch mit Prophezeiungen und sprach häufig vom bevorstehenden Weltuntergang. Der letzte Teil dieser Geschichte ist typischer Bestandteil der Schilderungen von Menschen, die nach eigenen Angaben Kontakt zu Außerirdischen hatten. Unklar bleibt allerdings, welcher Zusammenhang zwischen diesen anscheinend mit UFOs in Verbindung stehenden Ereignissen und der Bigfoot-Sichtung bestehen soll.

Anfang Oktober 1973 war Jeff Martin bzw. Jim Mays (uns liegen zwei Schilderungen dieses Falls vor, allerdings mit verschiedenen Namen. Einer von ihnen ist wahrscheinlich ein Pseudonym, wir wissen nur nicht, welcher) des Abends zum Fischen gegangen. Als er sich einmal umschaute, sah er etwa sechs Meter entfernt eine affenähnliche Gestalt in der Dämmerung stehen, die ihn beobachtete.

Er rief zwar nach dem Wesen, es verschwand jedoch im Zwielicht. Kurze Zeit später spürte er plötzlich, daß ihn etwas an der Schulter berührte. Als er sich umdrehte, sah er das Geschöpf direkt hinter sich stehen, einen sandfarbenen Bigfoot, der schnell das Weite suchte. Jeff/Jim folgte ihm sofort. Als das Wesen eine Straße überquerte, konnte er dessen Füße auf dem harten Asphalt platschen hören. Dann sprang es über einen Graben und verschwand zwischen den Bäumen. Fast unmittelbar danach stieg ein glühendes, bronzefarbenes Licht über dem Wald auf und schoß in den Himmel empor. Zwei Tage später kehrte Jeff/Jim mit seiner Verlobten, deren Vater und zwei Freunden zurück. Auf der Fahrt in das Gebiet folgte ihnen am Himmel ein Licht, das jedoch vor Ende der Reise wieder verschwand. An der Stelle, an der Jeff/Jim die Kreatur zuletzt gesehen hatte, stand sie auch jetzt wieder, inmitten dichter und hoher Pflanzen. Einer der Gruppe hatte den Eindruck, daß die Strahlen ihrer Lampen schwächer

Auf Schilderungen und Skizzen von Augenzeugen beruhende Zeichnung eines menschenähnlichen Bigfoots – eines von vielen, die 1973 in Pennsylvania gesehen wurden. *(Loren Coleman/FPL)*

wurden, sobald sie auf das Wesen gerichtet wurden. Unter Zuhilfenahme der Pflanzen als Maßstab schätzten sie die Größe der Kreatur auf 2,40 Meter bis 2,70 Meter. Während sich zwei Mitglieder der Gruppe aus Angst zum Wagen zurückgezogen hatten, überschütteten die anderen das Geschöpf mit Fragen und Flüchen. Da es sie aber schlichtweg ignorierte, warfen sie Steine nach ihm, konnten aber nicht genau erkennen, ob die Geschosse die Kreatur verfehlten, von ihr abprallten oder sogar durch sie hindurchgingen. Was immer sie auch anstellten, das Geschöpf rührte sich nicht von der Stelle. Da auf dem Waldweg ein weiteres Auto auftauchte, mußten sie ihren Wagen wegfahren. Als sie zurückkehrten, war von dem Bigfoot nichts mehr zu sehen. Von Bedeutung ist in diesem Fall möglicherweise die Tatsache, daß der Vater von Jeffs/Jims Verlobter seit 1965 ungefähr ein Dutzend Mal UFOs gesehen und mit einem dieser Objekte sogar Lichtzeichen ausgetauscht hatte.

Der letzte Fall aus dem Jahr 1973 ist einer der seltsamsten, die wir kennen, und stellt ein weiteres Mal eine Verbindung zwischen dem Auftauchen eines Bigfoot und mysteriösen schwebenden Lichtern her. Die Ereignisse begannen am 25. Oktober um etwa 21 Uhr auf einer Farm bei Greensburg im westlichen Pennsylvania, dem gleichen Gebiet also, in dem es während des gesamten Jahres schon starke Aktivitäten gegeben hatte. An diesem Abend sahen etwa 15 Menschen auf der Farm eine große, leuchtend rote Kugel, die sich langsam auf eine Weide niedersenkte. Der 22jährige Sohn des Farmers, der zum Hauptakteur dieser Nacht werden sollte und unter dem Pseudonym Stephen auftritt, entschloß sich, hinauszugehen und das Objekt näher in Augenschein zu nehmen. Begleitet wurde er von einem Zwillingspärchen, zwei zehn Jahre alten Jungen. Als sie zum Landeplatz des Objekts fuhren, bemerkte Stephen, daß seine Scheinwerfer zusehends schwächer wurden.

Daraufhin setzten die drei ihren Weg zur Hügelkuppe, auf der die leuchtende Kugel gelandet war, zu Fuß fort. Das Objekt schien einen Durchmesser von etwa dreißig Metern zu haben, war kuppelartig geformt wie eine Blase und erleuchtete die Umgebung glühend weiß. Es brummte außerdem wie ein Rasenmäher, und in seiner Umgebung waren Schreie zu hören. Einer der Zwillinge stieß einen Warnruf aus, denn er hatte am Rand des Feldes rechts von ihnen eine Bewegung gesehen. Ein Geruch von verbranntem Gummi lag in der Luft, und im Licht des Gebildes zeichneten sich zwei affenartige Gestalten mit glühenden grünen Augen ab. Eine war etwa 2,10 Meter, die andere mehr als 2,40 Metcr groß. Beide wiesen eine lange, dunkelgraue Behaarung auf. Sie schienen miteinander durch wimmernde Laute zu kommunizieren, die an das Weinen eines Babys erinnerten. Stephen, der ein Gewehr mitgenommen hatte, feuerte eine Salve über die Köpfe der Kreaturen, die sich nun langsam auf die drei zubewegten. Als die Wesen einfach weitergingen, gab er erneut einige Schüsse über ihre Köpfe ab, auch diesmal ohne Erfolg. So nahm er die größere Kreatur direkt ins Visier und feuerte drei Salven ab. Als sie getroffen wurde, stieß sie einen wimmernden Laut aus und hob die Hände in Richtung des anderen Bigfoot. Gleichzeitig verschwand die glühende Blase, und auch das von ihr ausgehende Geräusch verstummte. Die Bigfoots drehten sich langsam um und gingen wieder in den Wald. Stephen kehrte mit den Jungen ins Haus zurück und rief die Polizei. Um 21.45 Uhr kehrten Stephen und ein Beamter mit dem Polizeiwagen zur Landestelle zurück. Dort, wo sich die leuchtende Kuppel befunden hatte, konnte man einen etwa 30 cm hohen, weiß leuchtenden Bereich erkennen, in dessen Licht man bequem eine Zeitung lesen konnte. Die Pferde und Kühe auf dem Feld wagten sich nicht in diese leuchtende Zone hinein und wichen ihr aus. Als die Männer am Wald entlanggingen, hörten sie einen schweren Körper durch das Unterholz brechen, der jedesmal, wenn sie innehielten, den Bruchteil einer Sekunde später ebenfalls stoppte.

Danach kehrte der Polizist in seine Dienststelle zurück und rief Stan Gordon von der *WCUFSOG* an. Die Forscher kamen um etwa 1.30 Uhr nachts an und überprüften den Zeugen und den Landeplatz auf Strahlung, konnten aber keine außergewöhnlichen Werte feststellen. Das Glühen war mittlerweile verschwunden, auf dem harten Boden waren keinerlei Spuren zu zurückgeblieben. Als sie im Feld standen und Stephen Fragen stellten, wurde dieser plötzlich von einem wilden Schütteln erfaßt. Er begann schwer zu atmen und brüllte wie ein Tier. Sein Vater und der Forscher George Lutz mußten ihn festhalten, damit er nicht stürzte. Schließlich schlug er so wild um sich, daß er die beiden zu Boden schleuderte. Gleichzeitig raste Stephens Hund auf ihn zu, als ob er angreifen wolle, doch als Stephen auf ihn losging, suchte er winselnd das Weite. Anschließend rannte Stephen mit wirbelnden Armen über das Feld und stieß dabei tierische Laute aus, bis er schließlich an einer sumpfigen Stelle zusammenbrach. Auch einige der Forscher bekamen Schwierigkeiten: Sie erlitten Atemprobleme und Schwindelanfälle. Die ganze Zeit über lag ein starker, schwefeliger Geruch in der Luft. Stephen erlangte schon bald das Bewußtsein wieder und wurde von den anderen den Hügel hinabgeführt. Er schien immer noch sehr verwirrt zu sein und gab Sätze von sich wie: »Bleibt von der Ecke weg! Es ist in der Ecke!« Außerdem murmelte er verworrene Ankündigungen über das Ende der Welt und den bevorstehenden Untergang der Menschheit. Die Forschergruppe beschloß deshalb, einen erfahrenen Psychologen zu Rate zu ziehen, und rief Dr. Berthold Eric Schwarz an, dessen Untersuchungen der psychologischen und paranormalen Aspekte von UFO-Erlebnissen in den UFO-Forschungszirkeln weithin geachtet sind.

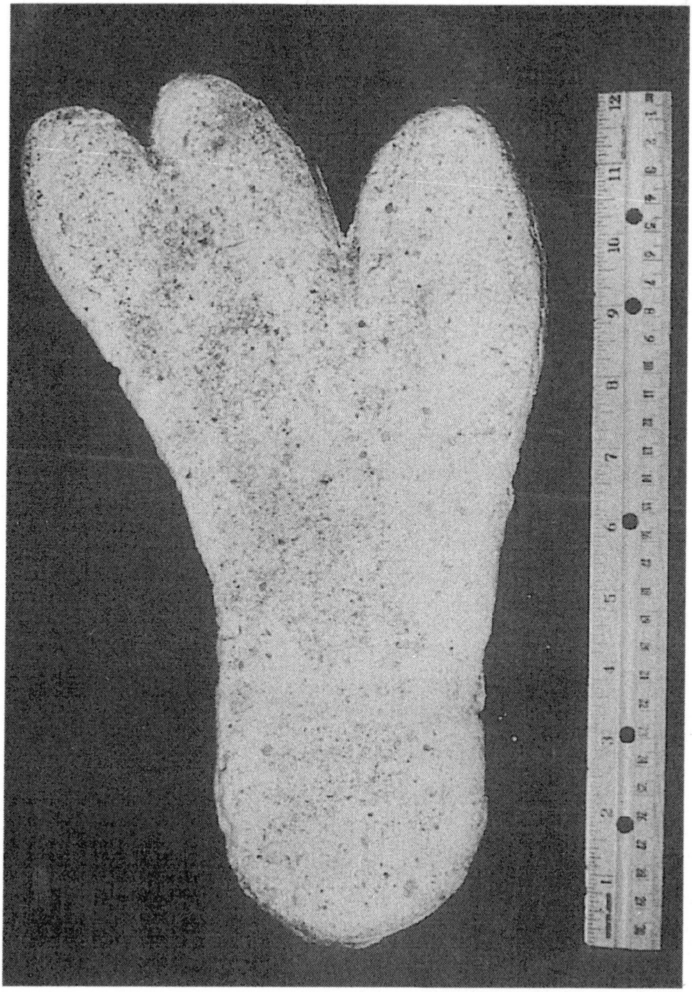

Gipsabdruck einer dreizehigen Fußspur, die im August 1973 von Stan Gordon bei Greensburg in Pennsylvania gefunden wurde.

(Loren Coleman/FPL)

Anfang 1974 kamen aus Florida dramatische Meldungen. In den frühen Morgenstunden des 9. Januar meldete Richard Lee Smith der Polizei, daß er auf dem Hollywood Boulevard im Gebiet von Fort Lauderdale einen »riesigen schwarzen Mann« überfahren habe. Der Polizeibeamte Johnson wurde zur Unfallstelle geschickt und untersuchte Smiths Wagen, an dessen beschädigter Frontseite Blutflecken und struppige dunkle Haare klebten. Richard Smith erläuterte, daß er mit ca. 80 km/h unterwegs gewesen sei, als er an der Straße einen riesigen Mann bemerkt habe, der schwarze Kleidung trug. Gerade, als er ihn habe überholen wollen, sei er vor das Auto getorkelt und von einem der Vorderräder überrollt worden. Vollkommen schockiert habe er dann angehalten und gesehen, wie der »Mann« langsam aufgestanden sei und sich zu seiner vollen Größe von schätzungsweise 2,10 bis 2,40 Meter aufgerichtet habe. Dann habe er ein Brüllen von sich gegeben und sei ihm in drohender Manier entgegengewankt. Er sei deshalb sofort wieder in seinen Wagen gesprungen und so schnell wie möglich davongefahren. Die Polizei erhielt währenddessen noch weitere Anrufe von Autofahrern, die den »Mann« gesehen hatten, so daß eine umfassende Fahndung eingeleitet wurde. Genau um 2.12 Uhr sah der Streifenpolizist Robert Hollemeyal, wie ihm die Gestalt auf der Straße entgegenkam. Er stieg aus seinem Auto und forderte sie auf, stehenzubleiben. Als er seine Taschenlampe auf sie richtete, stellte er konsterniert fest, daß er ein über 2,10 Meter großes Wesen mit langen, pendelnden Armen vor sich hatte, das am ganzen Körper dunkelgrau behaart war. Hollemeyal zog seinen Revolver und feuerte zwei Schüsse auf die Kreatur ab, die daraufhin aufschrie, einen etwa sechs Meter weiten Satz machte und mit etwa 30 km/h davonrannte. Die restliche Nacht durchkämmte die Polizei die Region mit Autos und Hubschraubern, ohne von dem Bigfoot noch eine weitere Spur zu finden. Er war wahrscheinlich ins Sumpfgebiet der Everglades geflüchtet, aus dem er aller Wahrscheinlichkeit nach auch gekommen war.

Kehren wir nun wieder nach Pennsylvania zurück, wo die Kette unheimlicher Begegnungen nicht abriß. In der Nacht des 6. Februar saß eine Frau, die von den Bigfoot-Forschern als Mrs. A bezeichnet wurde, bei Uniontown in ihrem Haus und sah fern. Um etwa 22 Uhr hörte sie auf ihrer Veranda ein Geräusch. Da ihr Haus in einem entlegenen und stark bewaldeten Gebiet lag, dachte sie zuerst, daß einige der verwilderten Hunde, die in der Umgebung herumstreunten, sich an den auf der Veranda stehenden Blechbüchsen zu schaffen machten. Sie nahm ihr Gewehr, um die Tiere zu verscheuchen. Dann schaltete sie das Außenlicht ein und ging auf die Veranda hinaus. Aber anstelle von Hunden sah sie sich dort einem 2,10 Meter großen, behaarten Bigfoot gegenüber, der nur zwei Meter von ihr entfernt stand. Als er beide Arme hinter den Kopf hob, nahm Mrs. A an, er wolle sie anspringen. Sie reagierte sofort und feuerte auf die Partie unterhalb seines Brustkorbs. Unmittelbar darauf zuckte ein Blitz wie bei einem Blitzlichtgerät, und die Kreatur war spurlos verschwunden. Vollkommen verstört ging Mrs. A ins Haus. Einen Augenblick später klingelte ihr Telefon. Es war ihr Schwiegersohn, der mit ihrer Tochter und den Kindern in einem etwa 30 Meter entfernt stehenden Wohnwagen lebte. Da er den Schuß gehört hatte, wollte er wissen, was geschehen war. Nachdem er sich ihre Geschichte angehört hatte, ging er zu ihr hinüber und nahm einen Revolver mit. Als er unterwegs war, tauchten aus dem Wald vier oder fünf behaarte und ca. 2,10 Meter große Kreaturen mit langen Armen und glühenden roten Augen auf und kamen auf ihn zu. Er feuerte zwei Schüsse auf sie ab und lief dann zu Mrs. As Haus. Gleich darauf sahen beide Zeugen ein leuchtend rotes Licht, das sich drehte wie das Blaulicht eines Polizeiwagens und aussah wie die Dekoration eines Weihnachtsbaums. Es schwebte etwa 150 Meter entfernt über dem Wald. Die Fülle der Ereignisse veranlaßte die beiden, die Polizei anzurufen, die auch sehr schnell zur Stelle war. Auf dem gefrorenen Boden fanden die Beamten zwar keine Spuren, bemerkten aber, daß sich die Haustiere – die beiden Haushalte hielten insgesamt mehrere Hunde und Katzen sowie ein Pferd – sehr auffällig verhielten und verängstigt waren.

Interessanterweise war Mrs. As Schwiegersohn bereits im November 1973 einigen mysteriösen Wesen begegnet. Damals hatte er abends seinen Hund ausgeführt und auf seinem Land einen Eindringling entdeckt, den er sofort anrief. Als die Gestalt daraufhin auf ihn zukam, erkannte er, daß es ein großer behaarter Bigfoot mit glühenden roten Augen war. Wegen der sich in den Wäldern herumtreibenden verwilderten Hunde trug er immer einen Revolver bei sich, dessen sechs Kugeln er jetzt alle auf den Bigfoot abfeuerte. Der Bigfoot ergriff die Flucht. Der Mann hörte ihn zwar weglaufen, in der Richtung, aus der die Geräusche kamen, war jedoch nichts zu sehen. Dann ging er zurück zu seinem Wohnwagen, um ein Gewehr zu holen, und machte sich danach sofort wieder in den Wald auf. Dort sah er den Bigfoot ein weiteres Mal und schoß auf ihn. Das Wesen schrie auf wie ein kleines Baby. Seine Frau, die den Schrei gehört hatte, sagte später, er habe sich angehört »wie der Schrei eines Menschen, der fürchterliche Schmerzen erleidet«.

Im weiteren Verlauf des Jahres 1974 begegnete Mrs. Margie Lee wiederholt einem 1,80 Meter großen Bigfoot, der sogar einen gewissen Sinn für Humor zu haben schien. Die Ereignisse begannen Ende Juli in der Watova-Siedlung bei Nowata in Oklahoma. Nachdem sie ihr über mehrere Wochen mehrmals begegnet waren, stellten die Lees fest, daß von der Kreatur keine Gefahr ausging, und verloren die Furcht vor ihr. Es schien ein junges Männchen zu sein, das vollständig mit 2 bis 3 cm langen Haaren bedeckt war. Nach Angaben der Lees konnte es sehr schnell laufen, »schneller als ein Hirsch«, blieb dabei aber fast lautlos, vergleichbar etwa einem »Mokassin auf Kies«. Seine Augen seien »normal« gewesen und werden als nicht so leuchtend beschrieben wie in anderen Bigfoot-Berichten. Er schien außerdem mehr Interesse an Frauen als an Männern zu haben: Häuser, in denen nur Männer wohnten, wurden von ihm vollständig ignoriert, und Mrs. Lee fand bei ihm größere Aufmerksamkeit als ihr Mann John. Diese Angaben lassen darauf schließen, daß er möglicherweise eine Partnerin suchte. Die Lees fanden bald viel Gefallen an »ihrem« Bigfoot, als er begann, ein Spielchen mit ihnen zu spielen.

Jeden Tag blockierte er mit einem Futtereimer die Scheunentür. Jeden Tag nahmen sie den Eimer weg und versteckten ihn, um dann jeden Morgen festzustellen, daß der Bigfoot ihn des Nachts aufgespürt und wieder vor die Tür gestellt hatte. Mrs. Lee hörte ihn nur ein einziges Mal, als er einen Laut von sich gab, der sich wie ein Lachen anhörte. Nach einiger Zeit wurde er ihnen dann doch lästig, denn er tobte in der Scheune herum und zerstörte, als er hinausgejagt wurde, auch noch ein Maschendrahtfenster. Außerdem vergriff er sich an den Küken des Nachbarn. Auch Gilbert Gilmore und Buck Field, zwei Hilfssheriffs, die sich um den Fall kümmern sollten, konnten ihn häufig beobachten. Eines Nachts erfaßten sie ihn mit den Scheinwerfern ihres Autos und eröffneten das Feuer. Der Bigfoot zeigte jedoch keinerlei Anzeichen einer Verwundung und flüchtete in den Wald. Am folgenden Morgen befand sich eine völlig übermüdete Mrs. Lee, die aufgrund des von dem Bigfoot veranstalteten Lärms nächtelang kein Auge zugetan hatte, gerade unter der Dusche, als irgend etwas gegen die Hauswand krachte. Obwohl sie sofort zum Fenster stürzte, war der Bigfoot nicht mehr zu sehen. Er hatte quasi seine Abschiedsvorstellung gegeben, denn danach tauchte er nicht mehr auf.

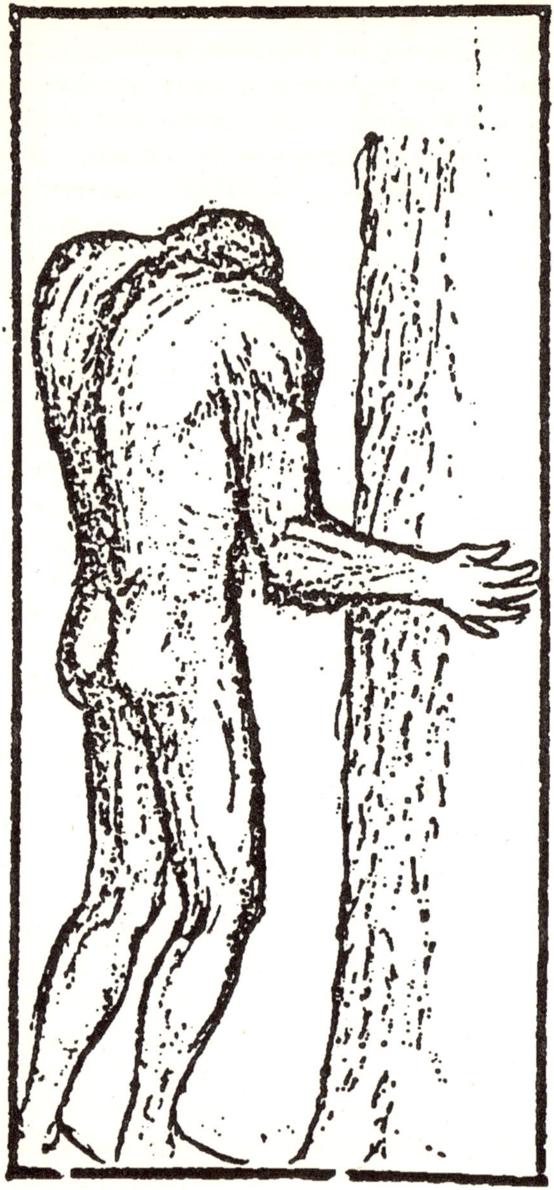

Zeichnung des Holzfällers Jack Cochran. Sie zeigt einen Bigfoot, den er im Juli 1974 im River National Forest in Oregon sah. (Jack Cochran/FPL)

Als William Bosak, ein 69 Jahre alter Milchfarmer aus Frederic, Wisconsin, im Dezember 1974 um 22.30 Uhr nach Hause fuhr, begegnete er dem »merkwürdigsten Ding, das ich je gesehen habe«. Neben der Straße stand ein scheibenförmiges Fluggerät, dessen untere Hälfte in einer Art Nebel verborgen lag. Wirklich sprachlos machte Bosak aber erst das Wesen, das er hinter dem runden Glasfenster in der Frontpartie des Objekts erblickte. Es wurde von hellem Licht angestrahlt, dessen Quelle er nicht ausmachen konnte, und sah in vielerlei Hinsicht aus wie ein Bigfoot. Außer im Gesicht und am Kinn war es am ganzen Körper mit einem gelbbraunen Pelz bedeckt. Nase und Mund waren auffallend flach, der merkwürdigste Körperteil waren jedoch die Ohren, die 7 bis 8 cm vom Kopf abstanden und ihn an Kalbsohren erinnerten. Die Augen des Wesens wirkten relativ normal, waren jedoch sehr groß und vorstehend. Sie drückten Überraschung, vielleicht sogar Furcht aus, und Bosak hatte in der Tat den Eindruck, »daß das Geschöpf genausoviel Angst hatte wie ich«. Es hielt die Arme über den Kopf, und von der Hüfte abwärts war der Körper infolge des Nebels nicht mehr zu erkennen. Bosak schätzt, daß er die Erscheinung etwa zehn Sekunden lang beobachtete, bis er schließlich beschleunigte, um an dem merkwürdigen Objekt so schnell wie möglich vorbeizufahren. Als er es passierte, wurden seine Scheinwerfer schwächer. Er ist auch der Meinung, ein leises, sirrendes Geräusch gehört zu haben. Als er später noch einmal über das Erlebnis nachgrübelte, fragte er sich, ob er nicht vielleicht einen »Raumfahrer« in einem gepolsterten Anzug gesehen hatte, kam dann jedoch zu der Überzeugung, daß der Pelz ein natürlicher Teil des Körpers gewesen sein mußte, da keinerlei Nähte und Knöpfe zu erkennen waren. »Ich wünschte, ich könnte es noch einmal sehen«, erzählte Bosak dem Forscher Jerome Clark, »diesmal würde ich auf jeden Fall anhalten.« Wenn er bereits beim ersten Mal gestoppt hätte, um eine detaillierte Beschreibung geben zu können, hätten wir jetzt vielleicht den endgültigen Beweis, daß zwischen UFOs und Bigfoots ein direkter Zusammenhang besteht, in einigen Fällen jedenfalls. Wie aus vielen der hier aufgeführten Berichte hervorgeht, wurden UFOs und Bigfoots zwar oft nah beieinander gesehen, es gibt jedoch keine verläßlichen Angaben darüber, daß ein Bigfoot in ein UFO ein- oder aus einem solchen Objekt wirklich ausgestiegen ist.

1975 waren die Bigfoots in Florida wieder aktiv, die dort aufgrund ihrer starken Ausdünstung und ihrer affenartigen Erscheinung auch als »Stinktier-Affen« bezeichnet werden. Der in einer entlegenen Region lebende Richard Davis kam drei Wochen lang nicht zur Ruhe, weil sein Schäferhund jede Nacht einen unbekannten Eindringling verbellte. Am 2. Februar um zwei Uhr nachts kam der Hund, ein aggressives Weibchen, einfach nicht zur Ruhe. Anscheinend war der geheimnisvolle Störenfried erneut zu Besuch gekommen. Davis ließ die Hündin los, die aber bald wieder zum Haus rannte und sich dort in der Garage unter dem Auto verkroch. Das Tier bellte nicht mehr, und seine Augen waren vor Angst weit geöffnet. Im weiteren Verlauf des Ereignisses änderte sich sein Wesen vollkommen. Davis ging jetzt mit einem Revolver in den Hof und sah sich dort mit einem 2,70 Meter großen, dunkelgrau behaarten Bigfoot konfrontiert. Er stand nur etwa vier bis fünf Meter von Davis entfernt, und als er dann noch einen Schritt vorwärts machte, feuerte Davis auf seine Brust und sah auch, wie die Kugel einschlug. Der Bigfoot stieß ein Grunzen aus und rannte davon. Nach dem ersten Schuß wollte Davis eigentlich die gesamte Trommel verschießen, sah sich aber zu seiner eigenen Überraschung nicht in der Lage, erneut abzudrücken. Die Suche in der Umgebung des Hauses förderte Fußabdrücke auf der

Belüftungsanlage zutage. Ein derartiges Interesse eines Bigfoot an einer außen installierten Belüftung hatten auch einige Nachbarn von Davis festgestellt. Mr. und Mrs. Michalowski, die etwa anderthalb Kilometer entfernt wohnten, wurden in denselben drei Wochen zu bestimmten Zeiten am Abend von fauligem Gestank geplagt und hatten auf ihrer Belüftungsanlage große Fingerabdrücke gefunden.

Ein anderer Vorfall mit Bigfoot-Beteiligung ereignete sich am 24. März und ist in den Akten des Dade County Public Safety Department in Florida aufgeführt. Man geht davon aus, daß zwei Männer, Michael Bennett und Lawrence Groom, etwa um Mitternacht auf einer unbefestigten Straße nach Black Point unterwegs waren, als sie in der Nähe von Coulds Canal einen 2,40 bis 2,70 Meter großen Bigfoot sahen, der einen am Straßenrand abgestellten blauen Chevrolet kräftig durchschüttelte. Aus dem Wagen stieg ein vollkommen verängstigter Mann und schrie um Hilfe. Als der Bigfoot das Auto der beiden Zeugen herannahen sah, flüchtete er in die Mangroven. Bennett und Groom müssen den Schauplatz ebenfalls sehr schnell verlassen haben, denn laut Bericht konnten sie nicht erkennen, in welche Richtung der Mann gelaufen war. Als die Polizei das Gebiet später absuchte, fand sie weder das blaue Auto noch den Bigfoot.

Im September und Oktober 1975 versetzten ein Bigfoot oder mehrere Bigfoots die Bevölkerung von Noxie in Oklahoma in Aufruhr. Am 1. September um acht Uhr abends hörte der Farmer Kenneth Tosh aus einem verfallenen Gebäude in der Nähe seines eigenen Hauses ein kratzendes Geräusch. Als sie nachschauten, sahen er und ein Freund in drei Metern Entfernung eine dunkelbraun behaarte und 2,10 bis 2,40 Meter große Kreatur. Die zwei bis drei Zentimeter langen Haare bedeckten den gesamten Körper mit Ausnahme der Nase und des Bereichs um die Augen. Als sie ihr später noch einmal begegneten, gaben sie einige Schüsse auf sie ab, jedoch ohne Ergebnis. Andere Freunde versuchten ebenfalls, das Wesen aus kurzer Entfernung abzuschießen, dem Geschöpf gelang jedoch jedesmal anscheinend unversehrt die Flucht. Der Bigfoot-Forscher Hayden Hewes ermittelte 24 Personen, die den Noxie-Bigfoot gesehen oder zumindest gehört hatten.

Ein weiterer Fall mit mehreren Sichtungen ereignete sich im Lummi-Indianerreservat bei Bellingham in Washington. Die Bigfoots dort wurden mehr als hundertmal gesehen. Zu den Zeugen gehörten u. a. die Polizisten des Reservats. Einer von ihnen, Sergeant Ken Cooper, wurde am 24. Oktober 1975 um 2.20 Uhr gerufen, weil die Tür eines Wildgeheges aus den Angeln gerissen worden war. Er befand sich in Begleitung mehrerer anderer Personen, als die Scheinwerfer auf ein 2,10 bis 2,40 Meter großes und schwarzbehaartes Geschöpf fielen, das im Hinterhof stand. Das Gesicht war schwarz, ledrig und voller Runzeln. Der Kopf saß direkt auf den Schultern, ein Hals war nicht zu erkennen. Im Ober- und Unterkiefer waren jeweils zwei Zähne länger als die anderen, und die Nase war abgeflacht. Sergeant Cooper näherte sich dem Wesen, das sich niedergeduckt hatte und nicht geflüchtet war, bis auf etwas über zehn Meter. Die beiden beäugten sich »viele Minuten« lang. Der Beamte hatte zwar ein Gewehr bei sich, war aber nicht sicher, ob es sich bei der Kreatur nicht doch um ein menschliches Wesen handelte, und wagte deshalb nicht, zu schießen. Zu diesem Zeitpunkt waren sieben weitere Zeugen vor Ort. Ein Geräusch veranlaßte dann den Mann am Scheinwerfer, den Lichtstrahl weiter über den Hof schweifen zu lassen. Kurz darauf rief er, daß »dort noch ein anderer« sei. Bevor er sich zurückzog, bemerkte Sergeant Cooper, daß der Körper des Bigfoot dampfte wie nach einem schweißtreibenden Lauf. Später fand er riesige Fußabdrücke und sah den Bigfoot noch einmal, als dieser, einen kräftigen, spitzen Schrei ausstoßend, neben seinem mit etwa 15 km/h fahrenden Wagen herlief.

Wenn man diese Schilderungen liest, wünscht man sich, daß die Polizei und andere Zeugen doch lieber Kameras statt Waffen tragen sollten. Beim folgenden Ereignis war dies sogar der Fall, ohne daß es jedoch zu verwertbaren Ergebnissen geführt hätte. Die Vorfälle ereigneten sich im November 1975 in Citrus County in Florida. Sieben junge Männer saßen um ein Lagerfeuer, als sie für einen kurzen Augenblick drei Bigfoots sahen, von denen der größte 2,40 Meter maß. Die Männer holten ihre Taschenlampen, um die Umgebung abzusuchen. Der 18jährige John Sohl nahm außerdem seine Kamera und das Blitzlicht mit. Er trennte sich von seinen Kameraden, stellte seine Kamera auf eine mittlere Brennweite ein, hockte sich ins Gras und harrte der Dinge, die ihm hoffentlich bald vor die Linse laufen würden. Das Ladeelement des Blitzgeräts machte ein leises, hohes Geräusch, als es eingeschaltet wurde, und Sohl dachte später, daß dies den Bigfoot angelockt haben könnte. Er hörte hinter sich plötzlich einen Laut und drehte sich langsam um. Noch nicht einmal einen Meter von ihm entfernt stand ein Bigfoot und musterte ihn. Er drückte auf den Auslöser seiner Kamera, und der strahlende Blitz ließ den Bigfoot mit einem Satz zurück in die Dunkelheit springen. Dabei riß er Sohl jedoch von den Beinen und schleuderte ihn fast fünf Meter durch die Luft. Sohl trug glücklicherweise keine ernsthaften Verletzungen davon und meinte später, der Bigfoot müsse ihn beim Herumwirbeln unabsichtlich mit einem seiner Arme getroffen haben. Und was wurde aus dem Foto? Da Sohl nicht erwartet hatte, dem Bigfoot so nah gegenüberzustehen, hatte er die Kamera auf eine Entfernung von zwölf Metern eingestellt. Er wußte gleich, daß das Foto unbrauchbar sein würde, und tatsächlich war es vollkommen überbelichtet und verschwommen.

Am 26. Dezember 1975 hatten schließlich zwei junge Mädchen eine merkwürdige Begegnung mit einem Bigfoot bei Vaughn in der Nähe von Great Falls in Montana. Am Nachmittag bemerkten sie, daß sich die Pferde, die auf einer Weide nahe dem Haus standen, irgendwie seltsam verhielten. Sie scharrten mit den Hufen und bäumten sich auf. Als die Mädchen hinausgingen, um nachzuschauen, sahen sie knapp 200 Meter vom Haus entfernt einen etwa 2,20 Meter großen Bigfoot stehen, der doppelt so breit war wie ein Mensch. Eines der Mädchen lief ins Haus, kam mit einem Gewehr zurück und nahm die Kreatur durch das Zielfernrohr genauer unter die Lupe. Das Gesicht, so gab es an, sei dunkel gewesen und habe furchterregend ausgesehen, gar nicht wie das eines Menschen. Das Mädchen feuerte einmal in die Luft, um die Kreatur zu verscheuchen, die ließ sich jedoch überhaupt nicht stören, so daß sie einen weiteren Schuß in die Luft abgab. Diesmal ließ sich der Bigfoot fallen und robbte über den Boden, stand jedoch nach einer kurzen Strecke wieder auf. Die Mädchen ergriffen daraufhin die Flucht. Als sich eines der beiden noch einmal umschaute, sah es drei oder vier ähnliche Geschöpfe, die dem ersten halfen, ein Gebüsch zu erreichen, hinter dem sie Deckung fanden. Ihre Schilderung fiel Captain Keith Wolverton in die Hände, einem Deputy Sheriff des Cascade County, der über die vielen merkwürdigen Dinge, die in dieser Region geschehen waren und immer noch geschahen, bestens informiert war. Die furchtbare Angst der Mädchen überzeugte ihn von ihrer Glaubwürdigkeit, und ein Test mit einem Lügendetektor bestätigte, daß sie die Wahrheit gesagt hatten.

8

Unheimliche Begegnungen und kein Ende: 1976 – 1980

In den siebziger Jahren stieg das Interesse an Bigfoot-Berichten stark an, und auch die Anzahl der gemeldeten Sichtungen nahm zu. In der Öffentlichkeit wurde man sich dieses Phänomens immer stärker bewußt, so daß als Folge natürlich auch die Gefahr wuchs, daß Betrügereien inszeniert oder normale Begebenheiten falsch interpretiert und in gutem Glauben als Bigfoot-Sichtungen gemeldet wurden. Die von uns hier aufgeführten Fälle wurden für gewöhnlich sorgfältig untersucht und haben meistens nicht nur einen, sondern mehrere Zeugen. Auch gaben die Zeugen immer häufiger an, nicht nur einen Bigfoot gesehen, sondern gleichzeitig auch noch ein anderes unerklärliches Phänomen, ein UFO etwa, beobachtet zu haben. In diese Kategorie fällt auch unser erster Bericht des Jahres 1976.

Am 22. Februar sah ein Mann, der mit dem Auto in der Nähe des Flughafens von Great Falls in Montana unterwegs war, in einem Feld neben der Straße einen 2,10 Meter großen Bigfoot stehen. In einer anderen Version ist allerdings von drei Kreaturen die Rede. Er griff sein Gewehr und ging zu Fuß auf das Wesen zu, als es sich jedoch zu ihm umdrehte, zog er es vor, doch wieder ins Auto zu steigen. Er berichtete außerdem, ein graues, ovales UFO gesehen zu haben, das etwa 800 Meter von der Straße entfernt drei bis fünf Meter über dem Boden geschwebt habe. Auf Montana werden wir in Kürze noch zurückkommen.

Am 29. Februar, nur eine Woche nach der gerade beschriebenen UFO/Bigfoot-Sichtung, beobachteten zwei Personen, die gerade im Gebiet des Settlers Parks bei Oakdale in Pennsylvania einen Spaziergang machten, einen 2,10 bis 2,40 Meter großen und dunkelhaarigenen Zweibeiner. Das Wesen besaß lange Arme und Klauen. Die Haut in seinem Gesicht war runzlig und hing über die Augen. Noch merkwürdiger ist, daß die Zeugen Höcker anstelle von Ohren und auf der Stirn eine Beule gesehen haben wollen. Ist es nur Zufall, daß in der Nacht zuvor ein UFO gesehen wurde und in der Stadt kurz der Strom ausgefallen war?

Kehren wir zurück nach Montana. Die frühen Morgenstunden des 4. April 1976 sollten sich für den 16 Jahre alten Robert Lea aus Helena als Alptraum erweisen. Um 4.30 Uhr wachte er auf und schaute aus dem Schlafzimmerfenster, das auf eine Weide hinausging. Um etwa 5.00 Uhr bemerkte er einen etwa 2,40 Meter großen, dunkelhaarigen Bigfoot, der gemächlich über die Weide ging und sich dabei umschaute. Lea fiel auf, daß er offenbar keinen Hals hatte. Bald erhielt er Gesellschaft von einem weiteren, etwas kleineren Bigfoot, der dem ersten aber ansonsten sehr ähnlich war. Dann bückte sich das größere Wesen und hob einen dunklen Gegenstand auf, der aussah »wie ein Heuballen«, an dessen Enden aber irgend etwas flatterte. Er reichte ihn dem anderen hinüber, der den Gegenstand fortan trug. Das größere Geschöpf kam zu dem Haus herüber und schaute auf das Fenster, in dem Robert stand. Dieser lief jetzt hinunter und weckte seinen Vater. Als die beiden jedoch kaum zwei Minuten später wieder am Fenster standen, fehlte von den zwei Bigfoots jede Spur. Später wurde ein knapp 45 cm langer, dreizehiger Fußabdruck gefunden. Robert wurde von zwei erfahrenen Deputy Sheriffs befragt, die ihm schließlich abnahmen, daß er das, was er schilderte, auch wirklich gesehen hatte.

Im selben Monat wurden die Einwohner von Flintville in Tennessee durch einige unerklärliche Geschehnisse beunruhigt. Unter den Menschen, die berichteten, einen

Bigfoot gesehen zu haben, war auch eine Frau, deren Autoantenne von einem auf das Dach springenden Bigfoot abgeknickt worden war. Der vielleicht unheimlichste Vorfall ereignete sich am 26. April, als Jennie Robertson fast ihren vierjährigen Sohn Gary an einen Bigfoot verloren hätte. Gary spielte am Abend noch draußen, als ihn seine Mutter aufschreien hörte. Sie lief hinaus und sah »diese riesige Gestalt um die Ecke des Hauses biegen. Sie war 2,10 bis 2,40 Meter groß und schien am ganzen Körper behaart zu sein. Das Wesen streckte seine langen, haarigen Arme nach Gary aus und war bis auf wenige Zentimeter an ihn heran. Ich konnte meinen Sohn gerade noch greifen und ins Haus ziehen.« Als Mr. Robertson merkte, daß irgend etwas nicht in Ordnung war, lief er sofort zur Tür und sah gerade noch einen »großen, dunklen Schatten im Wald verschwinden«.

Sechs Männer verfolgten danach den Bigfoot und kamen nahe genug an ihn heran, um einige Schüsse auf ihn abgeben zu können. Das Wesen habe zwar aufgeschrien, aber ansonsten sei es anscheinend unversehrt geblieben.

Es habe danach sogar mit Steinen nach ihnen geworfen, bevor es schließlich im Unterholz verschwunden sei. Am nächsten Tag wurden über 40 cm lange Fußabdrücke sowie Haare, Blut und Schleim gefunden. Die Haare wurden zwar wissenschaftlich untersucht, konnten jedoch nicht identifiziert werden.

Ende August 1976 wurden auch aus der Region Whitehall im Bundesstaat New York Bigfoot-Sichtungen gemeldet. Marty Paddock und Paul Gosselin sahen die Kreatur am 24. August gleich zwei- oder dreimal, ebenso die von ihnen benachrichtigte Polizei, allerdings aus größerer Entfernung. Die beiden Männer gaben die schon bekannte Beschreibung einer 2,10 bis 2,40 Meter großen und behaarten Kreatur ab, die rosa oder rote

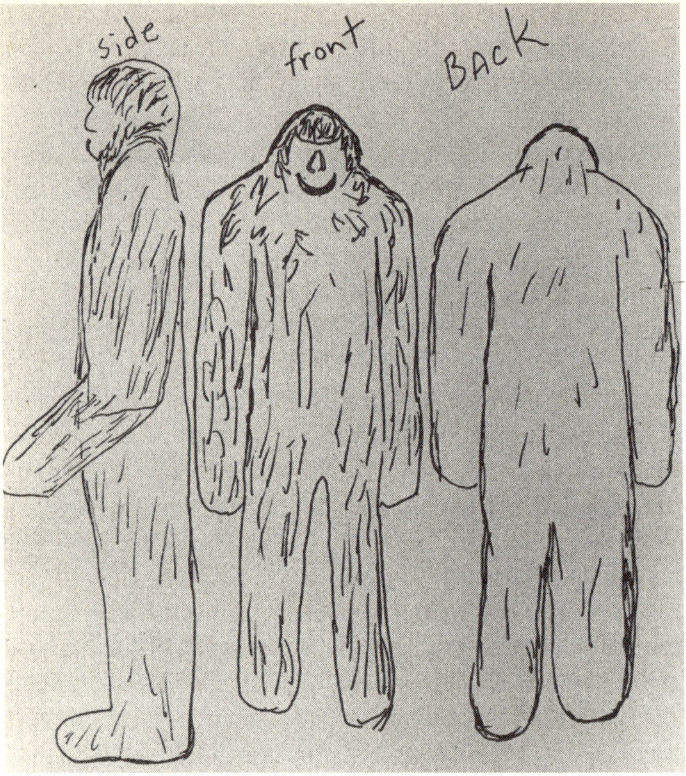

Zeichnung des 16jährigen Robert Lea. Sie zeigt die Bigfoots, die er am 4. April 1976 vor dem Haus seiner Eltern in East Helena, Montana, gesehen hat. *(Robert Lea/FPL)*

Augen gehabt habe. Aus wesentlich kürzerer Distanz wurde der Bigfoot am 25. August von zwei Polizisten beobachtet, einer davon war Paul Gosselins älterer Bruder. Das Wesen kam dabei bis auf sieben oder acht Meter an Gosselins Streifenwagen heran. Als es von seinem Partner mit einer Lampe angestrahlt wurde, bedeckte es die Augen und lief mit einem Schrei davon.

Im September 1976 wurde aus Cashton in Wisconsin ein Schwindel gemeldet. Vier Jugendliche gaben zu, daß sie einen aus ihrer Gruppe als Bigfoot verkleidet hatten und mit Hilfe großer Holzklötze, die sie ihm unter die Schuhe geschnallt hatten, Spuren legten. Hintergrund dieser »Mogelpackung« könnte jedoch eine Sichtung sein, die tatsächlich stattgefunden hat. Etwa um den 1. September herum sah ein Farmer eine 2,10 Meter große, dunkle und behaarte Kreatur, die einen stechenden Geruch ausströmte und »Laute ausstieß, die an das Brüllen eines jungen Bullen erinnerten«. Der Hund des Farmers griff das Wesen an und verbiß sich in sein Bein, wurde jedoch einfach weggeschleudert. Auf den Hund war Speichel getropft, und der Farmer und seine Frau stellten fest, daß dieser Speichel einen Geruch verbreitete, den sie bereits vorher an Kühen bemerkt hatten, die sich im selben Teil des Waldes aufgehalten hatten.

Anfang Februar 1977 kam dem Leiter eines Golfplatzes westlich von Delray Beach in Florida ein ebenfalls sehr schlecht riechender Bigfoot in die Quere. Er sah die mindestens 2,10 Meter große Kreatur um ein Uhr nachts, als sie gerade aus einem kleinen Teich in der Nähe des zweiten Lochs trank. Der Zeuge fügte hinzu, daß der Bigfoot mit langen, schwarzen und strähnigen Haaren bedeckt gewesen sei und sehr breite Schultern gehabt habe. Als das Wesen von den Scheinwerfern seines Kleinlasters erfaßt wurde, drehte es sich um und zog sich langsam in den dichten Wald zurück. Der Leiter legte daraufhin einige Bananen an den Waldrand, die, als er um 5.30 Uhr zurückkehrte, verschwunden waren. Als er den Vorfall der Polizei erzählte, erntete er nur Gelächter, und der Direktor der County Animal Regulation, des Veterinäramtes, war der Überzeugung, daß er einen Schimpansen oder Orang-Utan gesehen hatte, »oder irgendeinen Schwachkopf im Gorillakostüm, der des Nachts auf dem Golfplatz versucht, Liebespärchen zu erschrecken.«

Dies scheinen Bigfoots auch manchmal selbst zu versuchen. Hatte der Bigfoot, der Gerald St. Louis' Wohnwagen in der Nacht des 7. Mai 1977 ordentlich durchschüttelte, Sinn für Humor, oder war er einfach verärgert, weil sich der Wohnwagen in seinem Territorium befand? St. Louis und seine beiden Söhne schliefen im Wohnwagen, als sie durch das Rütteln geweckt wurden. St. Louis öffnete die Tür und schaltete die Beleuchtung ein. Dann sah er direkt in das Gesicht »einer behaarten, braunen und 2,40 bis 2,70 Meter großen Kreatur mit langen Armen«. Das Licht irritierte den Bigfoot, und »er lief auf einen bestimmt 1,30 bis 1,40 Meter hohen Zaun zu und übersprang ihn mit Leichtigkeit. Ich konnte ihn dann in einiger Entfernung stehen und uns beobachten sehen.« Die Familie hatte in der Nähe eines Markts bei Hollis in New Hampshire gecampt, war aber so verängstigt, daß sie umgehend aufbrach und die Waren, die sie eigentlich am nächsten Tag hatte verkaufen wollen, einfach zurückließ. Als sie später mit der Polizei zurückkehrte, war von einem Bigfoot nichts mehr zu sehen.

Interessanterweise hatten zwei ebenfalls in der Umgebung von Hollis campende Jungen, die 15jährigen Stanley Evans und Jeff Waren, in derselben Nacht ein ähnliches Erlebnis. Evans berichtet folgendes: »Der Wohnwagen schaukelte so stark, daß ich aus der Koje fiel. Eine Lampe fiel um und traf Jeff am Auge. Als wir das Licht einschalteten, rannte das unbekannte Wesen, was immer es auch gewesen sein mag, davon.«

Weniger als eine Woche nach den Schaukelaktivitäten des Bigfoot in New Hampshire begann knapp 500 Kilometer weiter südlich, im Bundesstaat New Jersey, eine ganze Serie unheimlicher Bigfoot-Sichtungen, die gut dokumentiert und unmittelbar darauf untersucht wurden. Bei Wantage im Norden von New Jersey erhielt eine entlegene Farm am 11. Mai 1977 Besuch von einem mysteriösen Wesen, das sieben in einem Schuppen unter-

Der Bigfoot-Forscher Dennis Gates in einem Fellkostüm, mit dem am 15. Mai 1977 bei Mission in British Columbia eine Bigfoot-Sichtung vorgetäuscht wurde. *(RD/FPL)*

gebrachten Kaninchen den Garaus machte. Am nächsten Abend spürte Mrs. Sites, daß »da irgend etwas war«; sie und ihre Familie behielten deshalb den Schuppen von einem Fenster aus genau im Auge. Schon bald zeigte sich unter einer Hoflampe ein auf zwei Beinen stehendes und mindestens 2,10 Meter großes Geschöpf, das von Mrs. Sites folgendermaßen beschrieben wurde: »Es war groß und behaart, und es war braun. Es sah aus wie ein Mensch mit einem Vollbart. Ein Hals war nicht zu erkennen, der Kopf schien direkt auf den Schultern zu sitzen. Seine Augen waren glühend rot.«

Der Hund der Familie griff tapfer an, wurde aber lässig beiseite geschleudert. Er rannte davon und kehrte erst am nächsten Tag wieder zurück. Der Bigfoot flüchtete in die Wälder. Am folgenden Abend (Freitag, der 13.) warteten Mr. und Mrs. Sites sowie zwei weitere Personen auf den nächsten Auftritt des Bigfoots. Die Kinder hatten sie zu Verwandten gebracht. Auch diesmal sahen sie ihn zuerst unter der Hoflampe, sogar zur gleichen Zeit wie am Abend zuvor. Als die Beobachter mit zwei großkalibrigen Waffen das Feuer auf ihn eröffneten, lief er in einen Schuppen und kletterte zum Fenster wieder hinaus. Dann stellte er sich mit ausgestreckten Armen unter einen Baum. Sites schoß dann drei- oder viermal auf ihn und war sicher, ihn auch getroffen zu haben. Der Bigfoot stieß jedoch lediglich ein Brüllen aus, das Sites veranlaßte, schnell wieder im sicheren Haus zu verschwinden, in das sich die anderen bereits geflüchtet hatten, da ihnen die Munition ausgegangen war. Der Bigfoot lief davon und konnte durch ein Feld entkommen, obwohl er von Sites mit dem Pickup verfolgt wurde.

R. Martin Wolf und Steven Mayne, zwei Forscher der *Society for the Investigation of the Unexplained*, der Gesellschaft zur Erforschung des Unerklärlichen, befragten die Familie Sites am 17. Mai und waren von ihrer

Aufrichtigkeit beeindruckt. Sie nahmen auch die toten Kaninchen in Augenschein und untersuchten die Kratzspuren, die der Bigfoot bei seinem ersten Einbruchsversuch am Schuppen hinterlassen hatte. Als die Forscher am 18. Mai zur Farm zurückkehrten, erfuhren sie, daß das Wesen letzte Nacht nicht lange nach ihrer Abfahrt wieder unter der Hoflampe gestanden hatte. Sites hatte es zwar erneut mit dem Auto verfolgt, aber trotzdem war dem Bigfoot die Flucht in die Wälder gelungen. An diesem Abend blieben die Forscher mit Filmkameras auf der Farm und beobachteten den Hof, aber natürlich tauchte der Bigfoot diesmal nicht auf. In den folgenden Wochen zeigten unheimliche Schreie aus einem Sumpf und gelegentliche Sichtungen durch Familienmitglieder, daß sich der Bigfoot immer noch in der Umgebung aufhielt, wenngleich er nicht mehr direkt beim Haus auftauchte.

Während um die Farm in Wantage, New Jersey, ein rotäugiger Bigfoot sein Unwesen trieb, versetzte 640 Kilometer weiter westlich, bei Eaton in Ohio, ein weißäugiges Exemplar zwei dreizehnjährige Jungen in Angst und Schrecken. Einer von ihnen beschrieb die Ereignisse wie folgt:

> Als wir gerade unsere Hündin ausführten, wurde sie von irgend etwas in Aufregung versetzt. Sie versuchte, uns wegzulaufen. Ich rannte hinter ihr her und fing sie wieder ein. Plötzlich bemerkte ich diesen ekelhaften Gestank, es roch wie nach faulen Eiern. Als mein Freund und ich uns umdrehten, sahen wir ein etwa 2,70 Meter großes und etwa 200 bis 250 Kilogramm schweres Wesen mit schmutzigem braunem Pelz und weißen Augen. Seine Arme waren richtig lang und hingen bis fast auf die Erde. Es ähnelte einem Bigfoot, den wir einmal in einer Fernsehshow gesehen haben, und

Die Farm in der Gemeinde Wantage, New Jersey, auf der am 12. und 13. Mai 1977 ein Bigfoot auftauchte.

(R. Martin Wolf & Society for the Investigation of the Unexplained)

jagte uns bis fast zum Old Camden Pike und über ein Feld. Wir dachten, es wäre direkt hinter uns, denn es machte sehr große Schritte. Als wir fast unser Haus erreicht hatten, verschwand es einfach.

Auch hier wird deutlich, daß der Bigfoot die beiden Zeugen gar nicht einholen wollte. Eine Kreatur, die 2,70 Meter groß ist, kann zwei verängstigte Jungen problemlos erreichen, wenn sie nur will. Rätselhaft bleibt, weshalb das Geschöpf die beiden überhaupt verfolgt hat. Wollte es sie einfach nur von ihrem Territorium vertreiben? Oder hat dieses Verhalten irgendeine andere Bedeutung? In unserem Buch *Alien Animals* (etwa: Fremdartige Tiere) haben wir die Theorie aufgestellt, daß einige dieser Kreaturen so etwas wie Geister sein könnten, die von einer gerade verfügbaren Energiequelle gespeist werden und konstanten Energienachschub benötigen, um sichtbar zu bleiben. Als eine derartige Quelle könnte z. B. Energie dienen, die von Menschen abgegeben wird. Ein verängstiger Mensch strahlt aber zweifellos mehr emotionale Energie ab als jemand, der sich nicht fürchtet. Gibt es somit eine bessere Methode der Energiegewinnung, als zwei verängstigte Jungen zu jagen? Falls diese Theorie wirklich stimmen sollte, könnte sie auch helfen zu erklären, weshalb sich Bigfoots häufig so stark zu Häusern und Menschen hingezogen fühlen.

Daß manche Zeugen über ihr Erlebnis nicht sprechen wollen, ist nicht überraschend. Viele möchten eine derart gespenstische Begegnung so schnell wie möglich vergessen, was natürlich nicht möglich ist, wenn man ständig darüber sprechen muß. Wenn die Frau von Ronald Jones die Details seiner Geschichte korrekt wiedergegeben hat, ist es verständlich, daß er die Geschehnisse jener Nacht des 30. August 1977 nicht noch einmal durchleben möchte. Er fuhr mit seinem Lkw gerade auf der Route 258 durch das Anne Arundel County in Maryland, als er etwas am Straßenrand liegen sah, das er zuerst für den Körper eines Menschen hielt. Nachdem er angehalten hatte und ausgestiegen war, mußte er jedoch feststellen, daß er in Wirklichkeit einen 2,40 Meter großen und über 200 Kilogramm schweren Bigfoot vor sich hatte, der einen widerwärtigen Gestank ausströmte. Als er sich aufrichtete, warf Jones einen Wagenheber nach ihm und lief dann zurück zum Fahrzeug. Der Bigfoot folgte ihm jedoch und schlug ihm auf den Hinterkopf. Als Jones losfahren wollte, hielt das Geschöpf den Lkw fest, und Jones mußte erst zurücksetzen und es anfahren, bevor er davonfahren konnte. Der Bigfoot »schrie wie eine Frau« und hinterließ an der Tür des neuen Chevrolets Kratzspuren.

Die in diesem Buch gesammelten Berichte über Bigfoot-Sichtungen zeigen deutlich, daß die Zeugen aus allen Altersgruppen und den verschiedensten gesellschaftlichen Gruppierungen kommen. Unter den Zeugen sind häufig Streifenpolizisten und Deputy Sheriffs, da sie üblicherweise mit der Untersuchung der Sichtungen beauftragt werden. Im nächsten Fall ist der Zeuge ein 67 Jahre alter Baptistenpfarrer, Reverend S. L. Whatley aus Fort McCoy in Florida. Am 11. Oktober 1977 um 14 Uhr schlug er im Ocala National Forest Holz und hatte Probleme mit seiner Motorsäge. Als er sich gerade entschlossen hatte, nach Hause zurückzukehren, bemerkte er, daß er aus etwa 350 Metern Entfernung beobachtet wurde. »Das Wesen sah aus wie ein behaartes, affenähnliches Tier und stand dort in den Büschen. Ich meine, es war ungefähr 2,10 bis 2,40 Meter groß. Das Gesicht war schokoladenbraun und unbehaart, mit einer flachen Nase. Die Arme – seine Hände konnte ich nicht erkennen – hingen hinunter bis in die Büsche.« Auch Brüste konnte Whatley erkennen. In der Absicht, die unbekannte Kreatur anzugreifen, holte er eine Axt aus seinem Wagen, als er jedoch wieder aufschaute, war der Bigfoot verschwunden.

Den Herbst 1977 werden die Menschen von Little Eagle in South Dakota so schnell nicht vergessen. Von September bis Dezember wurden aus dem Gebiet 28 Bigfoot-Sichtungen gemeldet. Wenngleich viele dieser Sichtungen im Little Eagle umgebenden Buschland erfolgten, näherte sich ein Bigfoot gelegentlich auch den Häusern. Einen dieser Besuche erlebte die 70jährige Indianerin Hanna Shooting Bear. Eines Abends schaute sie um etwa zehn Uhr aus dem Küchenfenster und sah im Licht, das aus den Fenstern eines in der Nachbarschaft stehenden Wohnwagens drang, die Silhouette einer riesigen behaarten Kreatur. Sie hatte immerhin so viel von dem Wesen erkannt, daß sie es ein wenig näher beschreiben konnte: »Es hatte einen komischen großen Kopf, der aussah, als habe er Hörner, und breite Schultern. Die Arme hatte es hochgehoben und die Hände nach unten gedreht, und es schwankte hin und her.« Sie ließ ihre Hunde nach draußen, die bekamen jedoch Angst und verkrochen sich unter einem Auto. Hanna Shooting Bear lief daraufhin zum Wohnwagen und alarmierte die Bewohner. Als man jedoch draußen nachsuchte, war das Tier verschwunden. In der Luft lag allerdings Kadavergeruch.

Lieutenant Verdell Veo, Polizist im Dienst des *Bureau of Indian Affairs,* des Büros für Indianerangelegenheiten, war in die mysteriösen Ereignisse um Little Eagle sehr stark involviert und sichtete auch selbst einige Bigfoots. Am 29. Oktober befand sich Veo zusammen mit seinen Söhnen und zwei anderen Polizeibeamten in Elkhorn Buttes bei Little Eagle. Plötzlich erspähten sie im Mondlicht einen Bigfoot, und zwei der Männer gingen auf ihn zu. Veo beschlich das unheimliche Gefühl, daß ihnen ihre Waffen hier nichts nützen würden: »Eine innere Stimme sagte mir, daß es besser sei, von hier zu verschwinden und das Ding in Ruhe zu lassen.« Als sie begannen zurückzugehen, kam Jeff, Veos fünfzehnjähriger Sohn, herbeigestürzt und rief, daß noch ein weiterer Bigfoot anwesend sei. Er hatte durch ein Infrarotgerät beobachtet, wie er hinter ihnen herschlich. Einige Tage später, am 5. November, machten Veo und einige andere Personen mehrere Stunden lang Jagd auf einen Bigfoot. Zum Schluß stand er zwar von mehreren Fahrzeugen eingekreist im Licht der Scheinwerfer, konnte aber trotzdem in die Büsche entkommen. Einem Rancher, der an der Jagd teilgenommen hatte, war es ein vollkommenes Rätsel, wie das Geschöpf entkommen konnte. Er hatte ein Geräusch gehört, das klang, als ob jemand außer Atem sei, und außerdem ein Stapfen vernommen, das nur von laufenden Füßen herrühren konnte: »Ich

Zwei der vielen Zeugen, die im Herbst 1977 in der Umgebung von Little Eagle in South Dakota Bigfoots gesehen haben: Polizist Verdell Veo und Hanna Shooting Bear. *(The Morbridge Tribune, South Dakota)*

drehte meine Lampe in die Richtung, aus der ich die Geräusche klar und deutlich vernommen hatte, aber dort war einfach nichts. Ich frage mich mittlerweile, ob sich diese Kreatur in Luft auflösen kann, wenn die Dinge zu brenzlig für sie werden.« Ein weiterer, verlockender Wink mit dem Zaunpfahl, daß manche Bigfoots nichtkörperlicher Natur sein könnten.

Wenn man davon ausgeht, daß Polizeibeamte gewöhnlich verläßliche und glaubwürdige Menschen sind, die auch in Extremsituationen einen kühlen Kopf bewahren und in der Lage sind, genau zu beobachten, muß man akzeptieren, daß sich ihre Bigfoot-Sichtungen nicht einfach abtun lassen. Lieutenant Verdell Veo hat in der Umgebung von Little Eagle mehrere Male einen Bigfoot gesehen. Und ein Polizeibeamter war auch am Schauplatz, als ein Bigfoot bei East Brewton in Alabama gesichtet wurde. Die Ereignisse des 6. März 1978 begannen bereits in der Nacht, als die allein in ihrem Haus lebende Ruth Mary Gibson einen durchdringenden Schrei hörte. Sie bekam Angst und rief ihren Bruder Luke McDaniel an, der daraufhin bei ihr vorbeischaute. Auch er hörte die Schreie, konnte jedoch draußen nichts erkennen. Ihm fiel jedoch auf, »daß die Pferde liefen, die Schweine quiekten und die Hunde verschwunden waren«. Er bat seine Schwester, die Polizei anzurufen, worauf kurze Zeit später Lieutenant Doug McCurdy und der 19jährige Johnny Gibson eintrafen. Die Schreie waren immer noch zu hören. Dann bemerkten sie »etwas« auf der Straße. McCurdy berichtete später, daß es sehr groß und weder ein Mensch noch irgendein Tier gewesen war, das er kannte. Es überquerte die Straße und verschwand im Wald. Später erschienen noch weitere Polizisten am Schauplatz, die die Schreie ebenfalls hörten. Der Bigfoot selbst zeigte sich jedoch nicht. So fuhren sie bald wieder los, um sich anderen Fällen zu widmen. McDaniels sah das Wesen aber doch noch im Schein seiner Autoscheinwerfer.

> Es war um die zwei Meter groß und wog etwa 200 Kilogramm. Seine Augen waren tiefrot. Ich würde sagen, sie standen etwa 30 cm auseinander. Einen Hals hatte es überhaupt nicht. ... Es war am ganzen Körper behaart und ging wie ein Mensch. Es schien unruhig zu sein. Seine Arme waren länger als die eines Menschen. Ich will damit keineswegs sagen, daß es einer dieser Bigfoots war, die ich schon mal im Fernsehen gesehen habe... Ich weiß aber, was ich gesehen habe. Ich dachte erst, es sei ein Affe. Aber nachdem ich noch einmal darüber nachgedacht habe, meine ich, daß es doch keiner war. Es gibt keinen so großen Affen ... Es war auch kein Schwindler. Ganz einfach, weil es hier draußen zu viele Gewehre gibt. ... und ein Mensch hätte sich nicht so flink durch das dichte Unterholz bewegen können.

Das Wesen, das sich in der Gegend um die 3925 North Tram Road in Vidor, Texas, herumtrieb, verscheuchte die jungvermählten Becky und Bobby Bussinger aus ihrem Haus. Es griff immer wieder nach den Fliegengittern der Fenster und knurrte und kläffte ständig, aber das Paar zeigte sich noch standhaft. Am 18. Juni 1978 fand es jedoch zwei ihrer Hunde tot, während ein dritter spurlos verschwunden war. In der Nacht zu Montag sagte Bobby dem Eindringling, einer über 1,80 Meter großen, zottigen und muskulösen Kreatur, den Kampf an. Er nahm sein Gewehr und feuerte auf den Bigfoot, als dieser ihm draußen immer näher kam. Dann lief er zurück ins Haus und rief im Büro des Sheriffs an. Dessen Vertreter Jack Reeves kam daraufhin vorbei und untersuchte die zerbrochenen Fenstergitter. Für einen kurzen Augenblick sah auch er noch den Bigfoot, der sich in den Wald zurückzog. Noch während der Deputy im Haus war, packten die Bussingers ihre Sachen und fuhren zu Beckys Eltern.

Diesen Bigfoot will Melinda Dayton 1977 vor einem Wasserfall bei Forks, Washington, fotografiert haben. *(Cliff Crook/FPL)*

Im Sommer 1978 waren die Bigfoots sehr aktiv. Nur eine Woche nach den Ereignissen in Vidor hatte der zehnjährige Mike Lofton aus South Crossett in Arkansas eine haarsträubende Begegnung mit einem über 2,10 Meter großen Monster. Am 26. Juni war er allein zu Haus, und der nächste Nachbar wohnte einige Kilometer entfernt. Angesichts der Umstände verhielt sich Mike äußerst tapfer. Er fütterte gerade seinen Welpen, als dieser zu winseln und zu zittern begann. Als Mike aufschaute, sah er in nur 15 Meter Entfernung einen Bigfoot stehen. Er hatte seine Arme hoch ausgestreckt und schien anstatt Fingernägeln Krallen zu besitzen. Mike lief ins Haus und griff sich das geladene Gewehr seines Vaters. Er feuerte siebenmal auf das »Ding«, das sich umdrehte und wie ein Kleinkind mit wackligen Schritten in Richtung Wald verschwand. Danach rief Mike die Polizei an, dic sofort vorbeikam und Blut und Haare fand.

Einige Tage später tauchte in Butler in Ohio ein mysteriöses Wesen auf, das den Spitznamen »Bighead«, Großkopf, erhielt. Sichtungen erfolgten am 8., 10. und 12. Juli. Zuerst sahen es Eugene Kline (17) und Ken O'Neill (15), als sie an einer Bahnstrecke entlangmarschierten. Sie hörten ein merkwürdiges Geräusch in den Büschen, und als sie sich dorthin umdrehten, erkannten sie eine 2,10 Meter große Kreatur, deren Kopf größer war als ihr Torso. Ihre roten Augen waren größer als Golfbälle, und das Gesicht sah zum Fürchten aus. Das Wesen knurrte, und Eugene fühlte sich gezwungen, mit ihm zu kommunizieren. Für eine Weile war er zu keiner Bewegung fähig, dann warf er seine Taschenlampe nach der Kreatur und rannte fort. Als er zwei Monate später von Ron Schaffner und Earl D. Jones befragt wurde, stand er immer noch deutlich unter dem Eindruck dieses Erlebnisses. Zwei Tage nach dieser Sichtung sahen Lavena Kline und einige weitere Personen, wie sich Bighead an einem Bahnübergang hinhockte. Auch ihr fielen seine roten Augen auf. Am 12. Juli hörte Theresa Kline, Eugenes 15jährige Schwester, beim Heumachen das Tuten eines Güterzugs. Als sie sich zur Bahnstrecke umdrehte, sah sie Bighead und lief schreiend nach Hause. Auch sie hatte seine orangeroten Augen gesehen und seinen Schrei gehört, der dem einer Katze ähnelte, aber tiefer klang. Außerdem bemerkte sie einen strengen Geruch, der sie an Kuhmist erinnerte.

Zwischen Juli und September 1978 wurden in der Gegend von Ottosen in Iowa Bigfoots gesehen, unter den Zeugen waren auch Kinder. Am 31. Juli sahen drei zehn- bis zwölfjährige Jungen eine 1,50 Meter große, dunkelbraune Kreatur »mit einem Buckel«. Sie habe eine breite Stirn, eine flache Nase und tiefliegende Augen gehabt. Manchmal habe sie sich auf allen vieren fortbewegt, manchmal aber auch aufrecht auf zwei Beinen. Die Jungen entdeckten den Bigfoot zuerst in einem alten Schuppen. Als sie dort Geräusche hörten, warfen sie einen Stein hinein, worauf ein dunkler, mit Fell bedeckter Kopf erschien. Erschrocken ergriffen die Jungen die Flucht. Als sie sich einmal umdrehten, sahen sie zwischen einigen Kisten und Behältern einen Bigfoot. Später erblickten sie ihn ein weiteres Mal und liefen diesmal hinter ihm her, weil sie nach eigenen Worten das Gefühl hatten, daß er mehr Angst vor ihnen hatte als sie vor ihm. Als sie ihn in einem Getreidefeld entdeckten, stand er einfach nur da und beobachtete sie. Als sie sein Verhalten einige Zeit lang studiert hatten, fiel ihnen auf, »daß er erst dann reagiert, wenn man selbst etwas tut. Wenn er sich jedoch bewegt, dann ist er blitzschnell.«

In Oceana in Virginia taten »Experten«, die den von Polizist Bill Pruitt am 14. August um vier Uhr morgens beobachteten Bigfoot überhaupt nicht zu Gesicht bekommen hatten, das Wesen als Vogel ab. Pruitt habe wahrscheinlich einen Kranich oder Reiher gesehen. Der Polizist war verständlicherweise verärgert. »Es sah aus wie ein Mensch«, berichtete er, »ein Vogel wird niemals so groß.« Seine Begegnung begann mit einem Laut, der dem Schreien eines Babys glich. »Meine Nackenhaare sträubten sich, als ich das hörte. Ein Puma war das nicht. Dessen Schreie kenne ich.« Dann sah er das Wesen unter einer Straßenlaterne stehen. Seinen Angaben zufolge sah es aus wie »ein riesiger Mensch« von 1,80 bis 2,10 Metern Höhe. Als er aus seinem Auto stieg, rannte das Geschöpf hinunter zum Fluß, der an dieser Stelle immerhin neun Meter breit war, und überwand ihn mit einem einzigen Satz. Der gerade eingetroffene Polizeichef von Oceana feuerte noch sieben Kugeln auf den Bigfoot ab, ohne ihn jedoch aufhalten zu können. Die Polizei fand kein Blut, nur zerbrochene Zweige und riesige runde Fußabdrücke.

In unseren Büchern *Alien Animals* und *Unheimliche Phänomene des 20. Jahrhunderts* haben wir uns mit einer ganzen Reihe unheimlicher Kreaturen befaßt – Seeungeheuern, abnorm großen Katzen, schwarzen Geisterhunden, Riesenvögeln, Vogelmenschen sowie Bigfoots/Yetis/Yowies. Wenngleich diese Wesen eine Reihe von Gemeinsamkeiten aufweisen, die zu dem Schluß verleiten könnten, daß sie alle Teil eines einzigen Phänomens sind, haben wir betont, daß nur äußerst wenige Fälle bekannt sind, in denen zwei verschiedene Arten zusammen gesehen wurden. Einer dieser seltenen Fälle ist die Sichtung vom 21. August 1978 im Paris Township in Ohio. Sie fand bei Minerva im Haus der Familie Cayton statt, und es gab neun Zeugen. Die neun Personen saßen um 21.30 Uhr auf der Veranda, als sie bei einem verfallenen Hühnerstall plötzlich Geräusche hörten. Als sie ihre Taschenlampen auf den Schuppen richteten, bemerkten sie zwei Paar riesiger gelber Augen, die im Schein der Lichter reflektierten. Der achtzehnjährige Scott Patterson fuhr daraufhin mit seinem Auto vor den Stall, um die Tiere näher unter die Lupe nehmen zu können. Er stellte fest, daß die Augen anscheinend zu zwei pumaartigen Wesen gehörten. Während er sie beobachtete, stellte sich plötzlich ein Bigfoot aufrecht vor die beiden Katzen, als ob er sie beschützen wollte. Danach schlich er auf Pattersons Auto zu. An diesem Punkt riefen die am Haus Zurückgebliebenen den Sheriff an und setzten sich in die Küche, um zu warten. Nach kurzer Zeit erschien der Bigfoot am Küchenfenster und war dort im Licht der Hoflaterne zehn Minuten lang deutlich zu sehen. Die Gruppe drinnen hatte zwar Gewehre, entschloß sich jedoch, nicht zu schießen, es sei denn, um einen Angriff abzuwehren. Mary Ackerman (30) schilderte die Situation wie folgt: »Er schien niemandem etwas antun zu wollen und nur neugierig zu sein. Wir spürten, daß er Freundschaft schließen wollte.« Als Deputy Sheriff James Shannon am Schauplatz erschien, verschwand der Bigfoot plötzlich und war danach nicht mehr aufzufinden. Allerdings bemerkte auch Shannon noch einen strengen Geruch nach Ammoniak und Schwefel.

Am nächsten Tag, dem 22. August, sah Mrs. Ackerman die Kreatur in der Nähe des Cayton-Hauses erneut. Etwas Merkwürdiges am Haus beobachtete am 23. August auch Howe Cayton (18). Weitere mögliche Sichtungen gab es am 8. und 9. September, einmal wiederum durch Mrs. Ackerman, die diesmal sogar zwei Bigfoots sah. Offiziell erklärten die Behörden, daß am 21. August bei den Caytons nicht ein Bigfoot und zwei Pumas, sondern »ein Bär mit seinen beiden Jungen« beobachtet worden sei – eine Verlautbarung, die Mrs. Cayton nicht überzeugte. Den Forschern Ron Schaffner und Earl D. Jones erzählte sie, daß es sich mit Sicherheit nicht um Bären gehandelt habe, »es sei denn, es waren Mutationen«. Vor der Sichtung am 21. August hatte die Familie Cayton bereits zu Beginn des Monats eine 1,80 bis 2,10 Meter große und dunkelhaarige Kreatur gesehen, die sich bei einer verlassenen Mine herumtrieb.

Kehren wir für die letzte größere Sichtung des Jahres 1978 nach Michigan zurück. Am 2. Dezember um 21.30 Uhr räumte Morse Easterling (53) gerade seine Garage in Lansing auf. Als er seinen Wagen zurückfahren wollte, bemerkte er im Rückspiegel eine Gestalt. Sie war sehr groß und schwer (ca. 2,10 Meter groß, 200 bis 250 Kilogramm schwer) und ging auf zwei Beinen.

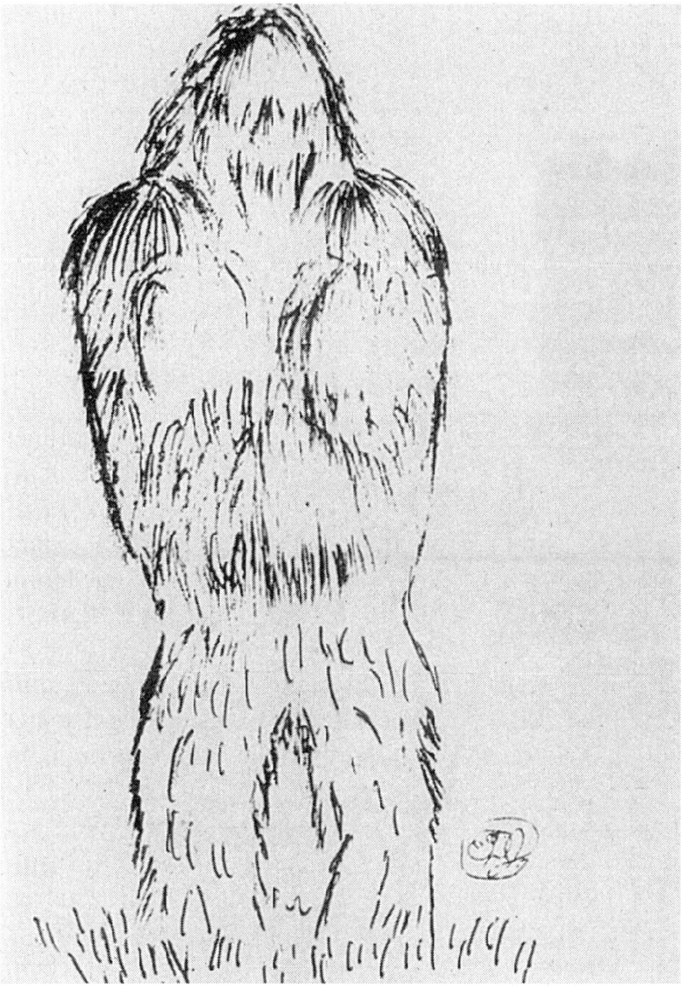

Zeichnung eines Bigfoot, den die Familie Cayton und Freunde am 21. August 1978 in Minerva, Ohio, gesehen haben.

(Ron Schaffner & Para-Hominoid Research Group)

Zuerst hielt er sie für eine Frau in einem Pelzmantel, vielleicht eine Nachbarin. Das Gesicht konnte er nicht erkennen, allerdings fiel ihm auf, daß der Kopf relativ klein war. »Kann ich Ihnen helfen? Was wollen Sie?« rief er der Gestalt zu. Die Kreatur, die etwa drei bis fünf Meter entfernt war, ging jetzt die Zufahrt hinunter in Richtung auf einen Obstgarten und schien dabei leicht zu hinken. Easterling fuhr vorwärts und bog um eine Kurve, aber als er aus dem Wagen stieg, war das Wesen nicht mehr zu sehen. Dies schien unmöglich zu sein. »Es war unglaublich, wie schnell das Ding verschwunden war«, kommentierte Easterling die Sichtung.

Der erste interessante Fall des Jahres 1979 ist eine erneute Sichtung von »Knobby«, dem North Carolina-Bigfoot, am 15. Januar. Bereits in den letzten drei Monaten des Jahres 1978 war das Geschöpf mehrmals in der Gegend des Carpenter's Knob im Cleveland County gesehen worden. So nah wie Gaye Smith war ihm jedoch noch niemand gekommen. Sie war mit ihren beiden Schwestern auf dem Highway 10 unterwegs, als Wanda Smith plötzlich aufschrie. Es dauerte einige Minuten, bis die anderen endlich aus ihr herausbrachten, was sie dermaßen in Angst und Schrecken versetzt hatte. Danach wendeten sie das Auto und fuhren zurück. Bei einigen Bäumen am Teich einer Farm stand »Knobby«. Die achtzehnjährige Gaye lief vom Auto aus auf die auf einem Damm hockende Kreatur zu. Als sie näher kam, stand das Wesen auf, schaute in ihre Richtung und streckte die Arme nach ihr aus. Aus einer Entfernung von etwa 45 Metern konnte sie es an diesem hellen und sonnigen Tag deutlich sehen und später eine detaillierte Beschreibung abgeben.

»Es war schrecklich! Einfach grauenhaft! Er war riesig, vielleicht sogar größer als Dale (ein Freund, der etwa 1,85 Meter groß und etwa 90 Kilogramm schwer ist) und sah wirklich unheimlich aus. Sein Gesicht war irgendwie rosa.« Sie fügte hinzu, daß die Haare im Gesicht kürzer gewesen seien als am übrigen Körper. Außerdem habe das Wesen einen breiten Brustkorb und breite Schultern gehabt. »Bis zur Hüfte ging er einfach gerade runter. Seine Oberschenkel waren mächtig, die Unterschenkel aber nur sehr dünn, fast wie bei einer Kuh.« Außerdem fielen ihr die breiten Nasenlöcher und die leuchtend schwarze Brust auf. »Sie sah fast aus wie Teer. Er war irgendwie schwarz und braun gefärbt. Am ehesten sah er noch wie ein Gorilla aus. Neben ihm auf dem Damm lag irgend etwas Weißes. Ich weiß nicht, ob es ein Vogel war, den er gefangen hatte, oder einfach nur ein leerer Sack oder eine Papiertüte. Was immer es auch war, es bewegte sich nicht einen Millimeter, und ich kann bis heute nicht sagen, ob es nun ein Tier war oder nicht.«

Die meisten Menschen, die einem Bigfoot begegnen, haben verständlicherweise Angst und machen aus diesem Zustand heraus sofort von der Waffe Gebrauch, unabhängig davon, ob der Bigfoot angreift oder nicht. Angesichts dieser Bedrohung reagieren Bigfoots bemerkenswert tapfer, um nicht zu sagen tollkühn. Wie die Fälle in diesem Buch gezeigt haben, gibt es jedoch keine hundertprozentig verläßlichen Angaben darüber, daß jemals ein Bigfoot getötet wurde. Zwar scheinen einige Bigfoots durch Gewehrkugeln verwundet worden zu sein, sie waren aber jedesmal in der Lage, schnell die Flucht zu ergreifen. Allen bisherigen Schilderungen und Berichten zufolge scheint Waffengebrauch gegenüber einem Bigfoot wenig Sinn zu machen. Ihn zu töten ist schwierig, vielleicht sogar unmöglich. Außerdem scheint die Kreatur ohnehin kein Interesse daran zu haben, Menschen ein Leid anzutun, selbst wenn sich die Gelegenheit dazu ergibt. Auch in den nächsten beiden Fällen hat man auf Bigfoots geschossen und sie offenbar auch verletzt. Allerdings zeigt sich auch hier die Sinnlosigkeit derartiger Aktionen, wenngleich die Beteiligten sicher argumentieren werden, den Bigfoot durch die Schüsse zumindest verscheucht zu haben. Unserer

Meinung nach ist es selbst unter den im folgenden beschriebenen Umständen nicht gerechtfertigt, die zwar bedrohlich wirkende, aber letztendlich anscheinend harmlose Kreatur zu verwunden bzw. zu verletzen.

Der erste Vorfall ereignete sich im März 1979 am Flower Lake bei Tunica in Mississippi. Am Freitag, dem 9. März, bemerkten Mr. und Mrs. Goff des Nachts plötzlich einen fauligen Geruch und hörten radauartigen Lärm. Samstag nacht sahen sie dann in der Nähe des Hauses ein 2,10 bis 2,40 Meter großes Wesen. Sonntag nacht griffen Goff und sein Sohn Rodney zu den Waffen und warteten auf den Bigfoot. Als er schließlich kam, eröffnete Rodney das Feuer. Der Bigfoot schien getroffen worden zu sein und lief davon. Noch in derselben Nacht kehrte er jedoch zurück und schlug so fest gegen die Eingangstür, daß der Rahmen zerbrach. Am nächsten Tag fand die Familie in der Nähe der Tür Blutspuren und entdeckte 40 bis 45 cm lange Fußabdrücke.

Fast zwei Monate später, Ende April, wollte der 16 Jahre alte Tim Meissner aus British Columbia innerhalb von drei Tagen zweimal einen Bigfoot gesehen haben. Am 28. April war er am Dunn Lake bei Barrière mit einem Freund fischen, als sie ein hohes Kreischen hörten und am anderen Ufer des Sees einen Bigfoot mit hoch erhobenen Armen stehen sahen. Nachdem er wieder im Unterholz verschwunden war, liefen die Jugendlichen hinüber und fanden dort, versteckt unter Zweigen und Moos, einen Hirsch mit gebrochenem Genick. Zwei Tage später kehrte Meissner mit vier weiteren Personen zu der Stelle zurück und begegnete, nachdem sich die fünf für die Suche getrennt hatten, erneut einem Bigfoot. »Er war schwarz, behaart und etwa 2,70 Meter groß. Er hatte ein menschenähnliches Gesicht mit riesigen, stark leuchtenden Augen. Seine Schultern waren bestimmt 1,20 Meter breit«, berichtete er später. »Er stand dort und starrte mich einige Sekunden lang an. Er war nur etwa 15 Meter entfernt, so nah, daß ich ihn riechen konnte. Ich weiß gar nicht mehr, warum ich eigentlich geschossen habe. Ich war einfach nur zu Tode erschrocken.« Und er fügt hinzu: »Ich hatte eigentlich genau zwischen die Augen gezielt, aber er sackte nur auf einer Seite zusammen. Zuerst dachte ich, ich hätte ihn getötet, aber ich habe ihn wahrscheinlich nur gestreift, denn er hatte sich im Nu wieder aufgerafft und stürzte blitzschnell davon.«

Die Meissner-Ranch bei Barrière in British Columbia. Der 16jährige Tim Meissner sah hier am 28. und 30. April 1979 einen Bigfoot. (RD/FPL)

Auch in den achtziger Jahren wurde der Bigfoot beobachtet, doch das Rätsel ließ sich auch durch weitere Forschungen nicht lösen. Anfang 1980 rückte mit Utah ein Staat in den Blickpunkt, der vom Bigfoot zuvor so gut wie ausgespart wurde. Als Ronald Smith aus South

Weber am 4. Februar um 20 Minuten nach Mitternacht von der Arbeit nach Hause kam, hatte er eine typische Begegnung mit einem Bigfoot:

> Ich ging noch einmal hinaus, um den Hengst zu füttern, aber er wollte einfach nicht zum Zaun kommen. So ging ich also hinaus auf die Weide, um ihn dort zu füttern, als ich plötzlich ein Knirschen hörte. Etwas ging auf zwei Beinen durch den Schnee. Da aber nur das Pferd auf der Weide war, dachte ich zuerst, ein paar Kinder wollten mir einen Streich spielen. Als ich in die Richtung schaute, sah ich im Mondschein diese dunkle Gestalt über die Weide gehen. Ich dachte zuerst, es sei ein Jugendlicher, der versuchte, vor mir abzuhauen. Ich sah die Gestalt zwischen den Bäumen verschwinden. Wie groß sie war, kann ich nicht sagen. Das Pferd war keineswegs verängstigt, es verhielt sich nur etwas seltsam und schaute zu der Gestalt hinüber. Dann hörte ich die Schreie. Ich hatte so etwas noch nie gehört. Sie klangen wie die Schreie eines Pumas, nur viel lauter. Sie waren irgendwie anders. Ich machte, daß ich dort wegkam, und lief ins Haus. Meine Frau schlug vor, ein Gewehr oder eine Kamera zu holen, aber der Spuk dauerte nur ein paar Sekunden. Die Schreie ertönten viermal, als ich draußen war, und weitere dreimal, als ich mich wieder im Haus befand. Mehr im Scherz sagte ich zu meiner Frau: »Ich glaube, da draußen ist ein Bigfoot!«, hatte angesichts der fürchterlichen Schreie aber doch ein mulmiges Gefühl im Magen.

Am nächsten Morgen fand Smith auf der verschneiten Weide Fußspuren, die aber von seinem Pferd bereits zertrampelt worden waren. Zwei Journalisten der Lokalzei-

Tim Meissner zeigt mit seinem Gewehr, wie groß der Bigfoot war, auf den er am 30. April 1979 schoß. *(RD/FPL)*

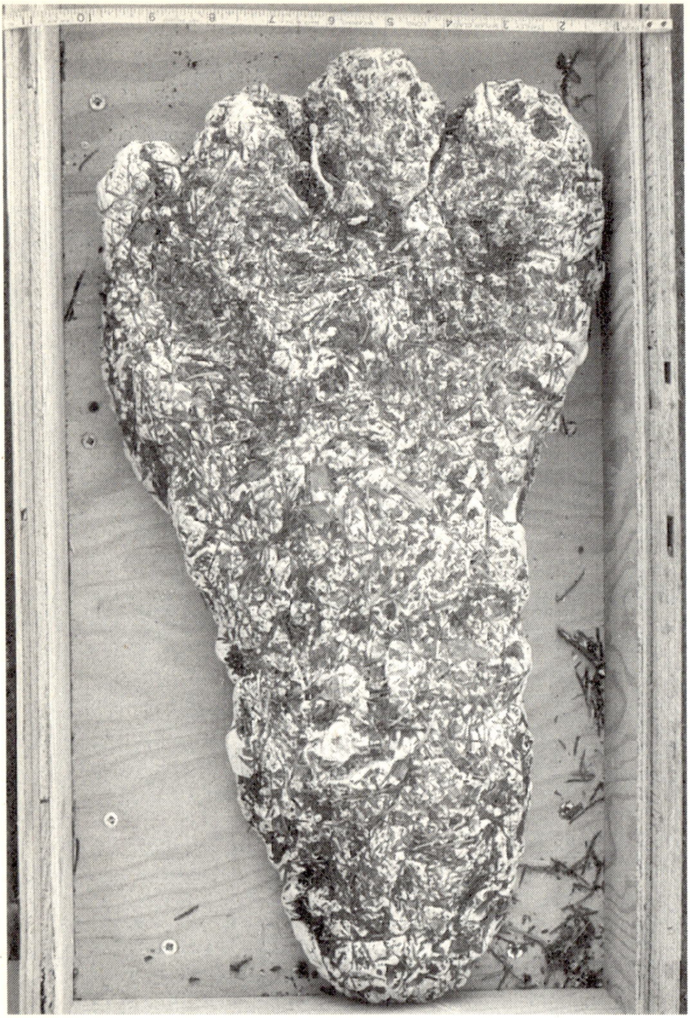

Gipsabdruck einer mehr als 40 cm langen und mehr als 25 cm breiten Bigfoot-Spur, die von Jack Wood einige Tage nach Tim Meissners Bigfoot-Sichtung am Dunn Lake gefunden wurde.

tung suchten ebenfalls nach Spuren und wurden in der Nähe eines Kanals tatsächlich fündig. Die Abdrücke waren über 38 cm lang, lagen etwa 1,20 Meter auseinander und mußten von einem sehr schweren Lebewesen in den Schnee gepreßt worden sein. Daneben entdeckten sie ein weiteres Paar Spuren, die zwar kleiner, ansonsten jedoch identisch waren.

Als diese und eine frühere Sichtung bekannt wurden, meldete sich eine Reihe weiterer Personen, die unheimliche Schreie gehört, merkwürdige Gerüche bemerkt und andere ungewöhnliche Ereignisse erlebt hatten, die möglicherweise mit einem Bigfoot zusammenhingen. An einem Stacheldrahtzaun gefundene schwarze Haare wurden analysiert und als die einer Kuh identifiziert. Tatsächlich gesehen wurde der Bigfoot aber erst wieder Ende des Monats, diesmal in Riverdale, einige Kilometer von South Weber entfernt. Lee Padilla war am 25. Februar um 3.30 Uhr morgens auf dem Highway unterwegs, als etwa sieben bis acht Meter vor ihm eine, seinen Angaben zufolge, 3 bis 3,30 Meter große Gestalt über die Straße setzte. Er hatte sie zwar nur einige Sekunden, aber dennoch lange genug gesehen, um die eleganten Bewegungen, die langen Arme und Beine, den gorillaartigen Kopf und die langen, dunkelbraunen und pelzigen Haare wahrzunehmen, die »sozusagen schichtweise übereinander lagen«. Padilla schätzte das Gewicht des Wesens auf knapp 300 Kilogramm und die Geschwindigkeit, mit der es sich über die Straße bewegte, auf etwa 50 bis 60 km/h. Das Geschöpf hatte ihn anscheinend nicht besonders erschreckt, denn er bog von der Haupt- in eine Nebenstraße ab und richtete seine Scheinwerfer dorthin, wo das Wesen verschwunden war. Es tauchte jedoch nicht wieder auf. Am nächsten Tag suchten Padilla und zwei Journalisten nach Fußspuren, hatten aber keinen Erfolg.

Im Juni 1980 rückte Ohio ins Zentrum der Aufmerksamkeit. Dort hatte es in den Counties Logan und Union einige aufsehenerregende Sichtungen gegeben. Am unheimlichsten war das Erlebnis der Anwaltsgehilfin Donna Riegler im Union County. Am 24. Juni fuhr sie abends von der Arbeit nach Hause. Nach einem heißen und stickigen Tag zog ein Gewitter auf. Blitze zuckten, und der Himmel verdunkelte sich zusehends. Dann begannen auch noch dicke, schwere Regentropfen zu fallen, aber Donna Riegler konnte beileibe nicht ahnen, was ihr an diesem unruhigen Abend noch alles bevorstehen sollte. Einem Reporter erzählte sie später:

> Ich hatte gute Laune und wollte einfach nur nach Hause. Über den Bahnübergang fuhr ich sehr langsam. Ich bin dort immer vorsichtig, weil ich Angst habe, mir sonst die Achsen kaputtzumachen. Dann sah ich dieses Ding auf der Straße liegen. Zuerst dachte ich, es sei ein Hund. Dann aber stand es auf und sah aus wie ein Mensch. Ich dachte, der muß verrückt sein, sich einfach auf die Straße zu legen. Ich konnte mir einfach nicht vorstellen, was er auf der Straße wollte. Er hatte kein Stück Gepäck bei sich. Dann drehte er sich um und schaute mich an.

Als sie gebeten wurde, die Gestalt genauer zu beschreiben, demonstrierte sie deren Körperhaltung: aufrecht, mit gebeugten Knien, die Hände ausgestreckt und die Handflächen nach oben gedreht. Gesichtszüge konnte sie nicht erkennen. Riegler fuhr so schnell wie möglich davon und hielt dann beim nächsten Haus an, wo sie vollkommen entnervt zusammenbrach und nur noch schluchzte.

Einige Aspekte ihrer Geschichte tauchen auch im Bericht von Patrick Poling auf, einem Farmer aus dem Union County, der den Bigfoot eine Woche vor Donna Rieglers Sichtung sah. Poling arbeitete gerade in einem Getreidefeld, als die Kreatur aus dem an das Feld grenzenden Wald kam und den Zaun entlangging. Nach

Angaben von Poling war sie 2,10 Meter groß und ging mit gebeugten Knien. Da er sich auf seinem Traktor sicher fühlte, fuhr Poling auf das Wesen zu, um es näher betrachten und einen Blick in sein Gesicht werfen zu können. Obwohl er bis auf knapp 30 Meter an das Geschöpf herankam, konnte er immer noch keine Gesichtszüge ausmachen. »Es war einfach nichts zu sehen«, meinte er. Dann stoppte der Bigfoot und drehte sich um, dabei streckte er die Hände und hielt die Handflächen nach oben.

Nach Angaben eines Journalisten sind Donna Riegler und Patrick Poling als Zeugen absolut glaubwürdig. Beiden geht im übrigen die Aufmerksamkeit, die ihnen seit Bekanntgabe ihrer Sichtung zuteil wird, gehörig auf die Nerven. Von Telefonanrufen geplagt, von den Medien gehetzt ... Poling weigerte sich jedenfalls, im Radio oder im Fernsehen aufzutreten: »Ein Fernsehsender sagte mir, jeder wolle doch ins Fernsehen. Nun, ich jedenfalls nicht.« Redet so ein Schwindler? Gewöhnlich genießt der nämlich die Publicity, die er für seine Eskapaden erhält.

Charles Fulton und seine Schwiegermutter Anna Mae Saunders machen ebenfalls nicht den Eindruck von Schwindlern. Sie begegneten dem Bigfoot in der Nacht des 4. Oktober 1980 bei ihrem auf dem Land in der stark bewaldeten Gegend um Maysville im nördlichen Kentucky gelegenen Haus. Zusammen mit Mrs. Fulton und den vier Kindern der Fultons schauten sie gerade Fernsehen, als draußen ein lautes Poltern ertönte. Mr. Fulton öffnete die Eingangstür und sah sich auf der Veranda einem 2,10 Meter großen und weißhaarigen Bigfoot gegenüber, der einen Hahn in der Hand hielt und sofort wieder hinuntersprang. Fulton verfolgte ihn und gab auch einige Schüsse auf ihn ab, jedoch anscheinend ohne Wirkung. Mrs. Saunders hatte das Wesen zwar auch gesehen, jedoch nicht so deutlich wie Fulton, der sogar die glühenden Augen hatte erkennen können. Eine Woche später, am 10. Oktober, hatte J. L. Tumey aus dem Fleming County ein ähnliches Erlebnis. Auch er saß vor dem Fernseher, als er hinten an seinem Wohnwagen plötzlich Lärm hörte. Er griff sich eine Pistole und lief durch die Vordertür hinaus zur Rückseite und konnte gerade noch erkennen, »wie etwas, das wie ein riesiger Mensch aussah, in Richtung Wald rannte. Ich schoß auf das Ding sämtliche Kugeln ab, die ich hatte.« Dann lief er wieder in den Wagen, um neue Munition zu holen. Als er zurückkehrte, sah er die mysteriöse Gestalt erneut. Wieder gab er einige Schüsse auf sie ab, die aber anscheinend nicht trafen. »Es war sehr dunkel«, erzählte Tumey später einem Reporter, »so daß ich nicht genau sagen kann, was es eigentlich war. Es stand aufrecht wie ein Mensch und war sehr groß, aber da es dermaßen dunkel war, habe ich nur einen riesigen Schatten erkannt. Als es weglief, gab es richtig dumpfe Geräusche.« Obwohl er keine Einzelheiten ausmachen konnte, war er offensichtlich überzeugt, daß der nächtliche Besucher kein Mensch war, denn ansonsten hätte er wohl nicht so häufig auf ihn geschossen. Es stellte sich heraus, daß der Bigfoot in den hinteren Vorbau eingebrochen war und den Gefrierschrank geplündert hatte. Um den Vorbau und im Hof lag gefrorenes Fleisch herum, und zwei Laibe Brot, ein eingefrorenes Hähnchen und ein Paket Hot dogs fehlten ganz. »Wenn es ein Mensch gewesen ist, muß er schrecklich hungrig gewesen sein, denn ansonsten hätte er während meiner Anwesenheit hier wohl kaum eingebrochen. Ein Hund oder ein Bär aber hätte den Kühlschrank sicher nicht aufbrechen und die ganzen Päckchen wegschleppen können«, meinte Tumey später über den Vorfall. Schon bald, nachdem Tumey das Ereignis gemeldet hatte, stellten sich Hilfssheriffs und Neugierige ein, viele von ihnen bewaffnet.

Aber obwohl der Wald noch in derselben Nacht intensiv durchkämmt wurde, konnte der Eindringling nicht gefunden werden. Am nächsten Tag entdeckte man im nassen Sand einige Spuren, die von einem nackten Fuß stammen mußten. Sie waren über 35 cm lang und mehr als 15 cm breit. Auf der Veranda fanden sich außerdem einige lange weiße Haare.

9

So mysteriös wie eh und je: 1981 – 1998

Es ist sicherlich keine Überraschung, daß der Bigfoot auch in den letzten zwanzig Jahren dieses Jahrhunderts wenig Neigung verspürte, seine Geheimnisse preiszugeben. Das beste Beweisstück für die Bigfoot-Forscher bleiben in diesem Jahrhundert die Filmaufnahmen, die Roger Patterson 1967 am Bluff Creek gemacht hat (siehe Kapitel 6). Mittlerweile verstärken sich die Diskussionen, ob der Film tatsächlich einen echten behaarten Hominiden oder nur einen Menschen in einem Fellkostüm zeigt. Daß 953 Einzelbilder eines 30 Jahre alten, kontroversen Films an der Schwelle zum 21. Jahrhundert der stichhaltigste Beweis für die Existenz des Bigfoot sein sollen, muß die weiter andauernde Suche nach dieser geheimnisvollen Kreatur zwangsläufig fragwürdig erscheinen lassen und nährt bei nicht wenigen den Verdacht, daß dieses Wesen überhaupt nicht existiert. Trotzdem werden aber immer wieder neue Sichtungen gemeldet, die die Hoffnung aufrechterhalten. In diesem Kapitel über die letzten Jahre des 20. Jahrhunderts haben wir einige repräsentative Sichtungen ausgewählt, für deren Echtheit wir aber wie immer nicht garantieren können.

Die am Ende des 8. Kapitels dargestellten Aktivitäten des Bigfoot in Ohio setzten sich auch im Jahr 1981 fort, speziell in der Umgebung von Rome. Die Forschungsgruppe von Dennis Pilichi untersuchte dabei besonders einige Ereignisse, die auf einer Farm stattgefunden hatten, und berichtete über eine Reihe überaus seltsamer Vorfälle, die den Schluß nahelegen, daß die dort aufgetauchten Kreaturen eher in das Reich des Übersinnlichen gehören. Die gefundenen Trittsiegel zeigen drei Zehen, waren mehr als 35 cm lang und über zwei Zentimeter in den harten Boden eingedrückt. Die Kreaturen selbst waren etwa 2,70 Meter groß und hatten glühend rote Augen. Mit Ausnahme des Gesichts waren sie am ganzen Körper behaart und ähnelten Gorillas. Auffallend waren weiterhin die etwa 2,5 cm langen Fangzähne. Verstümmeltes Vieh wurde gefunden: Enten und Hühner mit abgebissenen Köpfen und tiefen Bißwunden am Körper sowie ein Pferd, dessen Flanke aussah, als ob sie von Krallen aufgerissen worden sei. Kurz vor Auftauchen der Wesen war ein strenger Geruch festzustellen, und über dem Wald zeigten sich blaue Lichter. Einmal flog ein weißes, »UFO-artiges Ding« über die Farm, das die Augenzeugen mit ihren Gewehren vergeblich vom Himmel zu holen versuchten. Auch auf die Wesen selbst eröffnete man das Feuer, als sie mit ihren glühenden roten Augen am Waldrand standen, sie schienen die Kugeln jedoch ebenfalls problemlos wegzustecken. Man hatte sie zwar anscheinend getroffen, fand aber weder Leichen noch Blutspuren.

Mitte Mai wurden gleich aus drei Staaten Begegnungen mit Bigfoots gemeldet. In Louisiana bemerkten zwei Männer, die sich in einem Sumpfgebiet bei Ruddock auf der Jagd nach Schlangen befanden, plötzlich einen widerwärtigen Gestank und hörten etwas durch das Unterholz poltern. Aus einer Entfernung von neun bis zwölf Metern sahen sie schließlich ein großes zottiges Wesen mit langen orangeroten Haaren, das sie umgehend die Flucht in die Gegenrichtung antreten ließ. In Michigan wurde in einem Garten bei Stockbridge ein 2,10 bis 2,40 Meter großer Hominide gesehen und gleichzeitig Leichengeruch bemerkt. Die Kühe, Pferde und Hunde hätten sich zwar benommen, »als wenn sie nicht ganz bei Trost wären«, blieben aber alle unverletzt. Außer einem dreizehigen Fußabdruck wurde nichts wei-

Der Bigfoot-Forscher Bruce G. Hallenbeck mit Gipsabdrücken eines 35 cm langen Fußabdrucks, der 1981 im Staat New York entdeckt wurde.

(Bruce G. Hallenbeck/FPL)

ter gefunden. An der Wasserscheide von Newark in New Jersey sahen zwei Angler eine mit rötlichbraunen Haaren bedeckte Kreatur, die vor ihrem Auto über die Straße lief. Sie folgten ihr auf einem Waldweg und kamen ihr bis auf 1,5 Meter nahe, als ihr Auto plötzlich im Schlamm steckenblieb. Sie hatten das Wesen jedoch gut in Augenschein nehmen können und beschrieben es als ungefähr 1,80 Meter groß. Es habe ein flaches Gesicht und die Ohren eines Menschen gehabt. Es sei leicht gebückt gegangen und habe die Arme wie ein Skilangläufer hin- und hergeschwungen. Einer der Männer sagte: »Bis ins Grab werde ich die Gewißheit mitnehmen, daß ich weder einen Bären noch jemanden in einem Kostüm gesehen habe. Ich glaube nicht, daß ich so etwas jemals wieder sehen werde.« Nach Angaben der Polizei tauchen im Gebiet der Wasserscheide zwar immer wieder Bären auf, aber die von den Männern gegebene Beschreibung paßt nicht im mindesten auf diese Tiere, und dabei waren sie dem Wesen immerhin bis auf anderthalb Meter auf den rötlichbraunen Pelz gerückt.

Das spektakulärste Ereignis des Jahres 1982 war sicherlich Paul Freemans Sichtung im Bundesstaat Washington, dem klassischen Bigfoot-Gebiet. Freeman war Streifenpolizist für das Gebiet Walla Walla. Er hatte sein Leben lang gejagt und Fallen gestellt, kannte sich mit Bären hervorragend aus und war felsenfest davon überzeugt, daß das, was er gesehen hatte, mit Sicherheit kein Bär gewesen war. Am 10. Juni war Freeman aus seinem Auto gestiegen, um Elche zu beobachten. Da er aufgrund einiger umgestürzter Bäume mit dem Auto nicht mehr vorankam, ging er zu Fuß weiter. Plötzlich sah er eine mehr als 2,40 Meter große Kreatur von einer über drei Meter hohen Böschung auf den Weg springen. »Er sah genauso aus wie die prähistorischen Menschen, die ich schon auf so vielen Bildern gesehen habe. Er hatte am ganzen Körper rötlichbraune Haare, die so dicht waren,

Paul Freeman sah im Juni 1982 einen Bigfoot bei Walla Walla in Washington. Er wurde dann zu einem der eifrigsten Bigfootjäger und entdeckte zahlreiche Fußspuren. *(RD/FPL)*

daß man seine Schultern, Arme und Beine gar nicht richtig erkennen konnte. Das Gesicht wies dagegen nur dünne Behaarung auf, darunter war Haut sichtbar, die mich an braunes Leder erinnerte.« Freeman stand etwa sechzig Meter entfernt und starrte den Bigfoot einfach nur an. Der starrte zurück. Freeman konnte hören, daß er

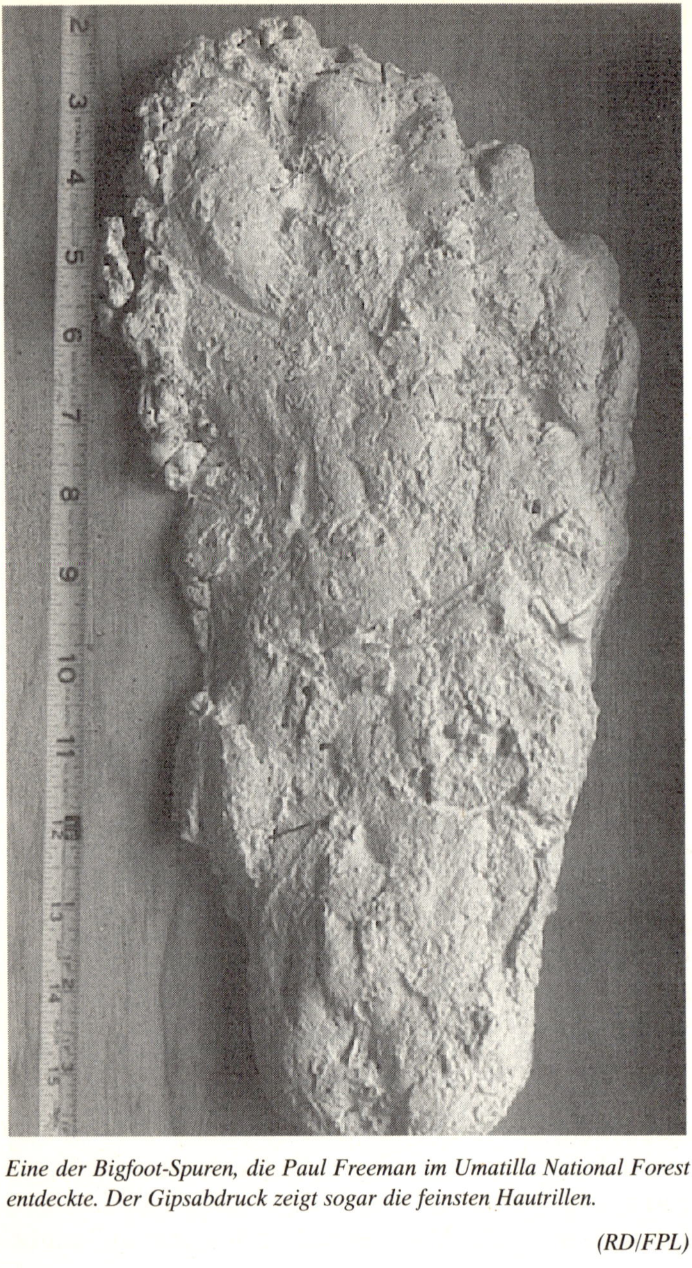

Eine der Bigfoot-Spuren, die Paul Freeman im Umatilla National Forest entdeckte. Der Gipsabdruck zeigt sogar die feinsten Hautrillen.

(RD/FPL)

Dr. Grover Krantz, Professor für Anthropologie an der Washington State University, hält die Walla Walla-Spuren für echt. *(RD/FPL)*

schwer atmete, wie nach einem anstrengenden Lauf. Seine Bauchmuskeln bewegten sich. Neugierig, wie die Kreatur reagieren würde, wich Freeman zurück. Als der Bigfoot sah, daß sich Freeman nicht weiter näherte, drehte er sich um und ging den Weg hinauf.

Noch bevor das Gebiet von den Neugierigen zertrampelt wurde, die nach Bekanntwerden des Vorfalls in der Gegend einfielen, konnten von den Fußspuren des Bigfoots Gipsabdrücke angefertigt werden. Diese wurden von Dr. Grover Krantz untersucht, außerordentlicher Professor für Anthropologie an der Washington State University. Krantz entdeckte sogenannte Dermalkämme (Linien auf der Haut), die seiner Meinung nach bewiesen, daß die über 38 cm langen Abdrücke tatsächlich von einem Fuß stammten. Wegen der großen Publicity gab Freeman nach der Sichtung seinen Job auf und wurde leidenschaftlicher Bigfoot-Jäger. Er verbrachte viele Stunden im Umatilla National Forest, entdeckte dort zahllose Trittsiegel und fertigte Hunderte von Gipsabdrücken an. Er gab sogar an, Gipsabdrücke von den Händen eines Bigfoot erstellt und das Wesen auf Film gebannt zu haben. Angesichts der Tatsache, daß alle anderen kaum Spuren der Kreatur fanden, ließ jedoch allein die bloße Zahl seiner Erfolgsmeldungen bei vielen Forschern Zweifel hinsichtlich der Echtheit seiner Angaben aufkommen.

Rund um den Bigfoot hat es immer wieder Betrügereien gegeben. Noch undurchschaubarer wird das Ganze aber durch die Möglichkeit, daß einige Berichte über Fälschungen selbst wiederum nur Schwindel sein könnten. Ray Wallace war langjähriger Bigfoot-Forscher, der über die Jahre mehr als 2000 Sichtungen für sich reklamierte. Seine 50 Jahre währende Fehde mit einem anderen Bigfoot-Veteran, dem 86jährigen Rant Mullens, spitzte sich 1982 empfindlich zu, als Mullens behauptete, viele Bigfoot-Berichte selbst inszeniert zu haben. Im Jahr 1924 hatten einige Bergarbeiter berichtet, mit einem Bigfoot im Ape Canyon zusammengestoßen zu sein (siehe Kapitel 3): Mullens erklärte, daß er und sein Onkel den Arbeitern Angst einjagten, indem sie von oben Steine auf sie hinabrollen ließen. Er habe außerdem sieben Paar hölzerner Füße geschnitzt, um falsche Fußabdrücke zu hinterlassen. Viele der im Laufe der Jahre gefundenen Bigfoot-Spuren wurden wahrscheinlich gefälscht, aber andererseits kann Rant Mullens allein nicht für sämtliche Spuren und sonstigen Aktivitäten des Bigfoot in ganz Nordamerika verantwortlich sein.

Ende August 1982 hatten zwei Männer eine Begegnung mit einem Bigfoot auf einer Farm in Connecticut. Am 23. August sahen sie kurz vor Mitternacht noch einmal nach den Kühen, als sie plötzlich eine 1,80 bis 2,10 Meter große Kreatur sahen, die auf einem Futtertrog saß und die Kühe beobachtete. Das Wesen war behaart und muskulös, hatte eine flache Nase und große, »gefährlich aussehende« Zähne. Die Arme hingen hinunter bis zu den Knien. Als es auf sie zukam, schrien sie und ergriffen die Flucht. Nach einigen Metern drehten sie sich wieder um und sahen zu ihrer Erleichterung, daß es sich ebenfalls umgedreht hatte und weglief. Am nächsten Tag fanden sie neben einer Scheune einen riesigen Fußabdruck.

Im Jahr 1984 wurden vor allem kurze »Momentsichtungen« gemeldet: Menschen, die durch ein Waldgebiet fuhren, zelteten oder sich auf der Jagd befanden, sahen für einen kurzen Augenblick einen großen, behaarten Hominiden, der die Straße überquerte oder im Gebüsch lauerte. Derartige Berichte sorgen allenfalls dafür, daß das Interesse an der Thematik nicht einschläft – neue Erkenntnisse über die Kreatur liefern sie nicht. Daß die Zeugen das Wesen nicht verfolgen wollen, um sich ihm so weit wie möglich zu nähern, und um eventuell eine Nahaufnahme zu machen, kann man ihnen jedoch nicht vorwerfen. Der Bigfoot ist unberechenbar, und selbst ein schwerbewaffneter Jäger wird wahrscheinlich sehr genau darauf achten, ihm nicht zu nahe zu kommen. Jäger, denen der Bigfoot ein Begriff ist, träumen davon, einen zu erlegen, und verfallen in endlose Diskussionen darüber, welche Taktik anzuwenden wäre und welches Gewehr mit welchem Kaliber man benutzen sollte. Diese Diskussionen werden nun schon seit fast einhundert Jahren geführt, ohne daß jemals ein Fall bekannt wurde, in dem ein Jäger nachweislich einen Bigfoot erlegt hat. Es gibt allerdings so viele durch Jäger gemeldete Sichtungen, daß man eigentlich davon ausgehen muß, daß mittlerweile irgendwer irgendwo eines dieser Wesen zur Strecke gebracht hat.

Andererseits läßt sich aus den Sichtungsberichten aber auch ablesen, daß dies nicht so klar ist, wie man vielleicht erwarten könnte. Einige Jäger, die die Kreatur bereits im Visier hatten, sahen sich einfach nicht in der Lage abzudrücken, denn zu sehr ähnelte das Wesen einem Menschen. Andere, die doch feuerten, mußten anschließend feststellen, daß die Kugeln offenbar entweder überhaupt keine Wirkung erzielten oder das Wesen zwar verwundet zu sein schien, aber anscheinend mühelos davonlaufen konnte. Liegt dies daran, daß die jeweilige Waffe nicht durchschlagskräftig genug war, oder sind einige Bigfoots nicht-physische Wesen, gegen die Gewehrfeuer nichts ausrichten kann? Es halten sich hartnäckig Berichte, in denen diese Theorie immer wieder nahegelegt wird, aber wie zuverlässig sind die betreffenden Zeugen und Forscher? Einige sind regelrecht versessen darauf nachzuweisen, daß der Bigfoot ein übernatürliches Wesen ist. Wirkt sich dieses Bestreben auf die Objektivität ihrer Berichte aus? Unbestritten ist, daß die Leiche eines Bigfoot viele Fragen beantworten würde, und in der Tat sollen Jäger bereits Kadaver gefunden haben, die aber nätürlich nie in die Hände von Behördenvertretern oder Wissenschaftlern gelangt sind, genau den Personen also, die unabhängig und objektiv nachweisen können, ob das Wesen tatsächlich existiert oder nicht.

Natürlich gibt es gewichtige Gründe dafür, warum man nicht einfach mit dem Vorsatz aufbrechen sollte, einen Bigfoot zu töten. Wenn sie nahe mit dem Menschen verwandt sind (und auch, wenn nicht), wie läßt sich dann rechtfertigen, einfach eines dieser Wesen zu erschießen, nur um unsere Neugier zu befriedigen? Dieser Tatsache wurde im Skamania County im Bundesstaat Washington bereits Rechnung getragen: Dort ist es per Gesetz verboten, einen Bigfoot zu töten. 1969 wurde eine Verordnung erlassen, die das Töten eines Bigfoot zu einem Verbrechen machte. Später gelangte man jedoch zu der Auffassung, daß eine derartige Bestimmung wahrscheinlich illegal sei, und legte 1984 eine überarbeitete Fassung vor, die besagt, daß die vorsätzliche Tötung eines Bigfoots »mit vorbedachter böser Absicht« ein grobes Vergehen darstellt, das mit einem Jahr Gefängnis oder einer Geldbuße von 1000 Dollar geahndet wird, während die einfache Tötung ohne vorbedachte böse Absicht immerhin noch eine halbjährliche Gefängnisstrafe oder 500 Dollar Geldbuße oder aber beides nach sich ziehen kann. Gelangt der mit der Untersuchung der Todesursache betraute richterliche Beamte zu der Auffassung, der Bigfoot sei ein humanoides Wesen, kann dem Täter auch ein Totschlags- bzw. Morddelikt zur Last gelegt werden. Derartige Abschreckungsmittel scheinen jedoch unnötig angesichts der Tatsache, daß es Jägern während des gesamten 20. Jahrhunderts offenbar nicht gelungen ist, eines dieser Wesen zu erlegen. Jede neue Generation von Bigfoot-Jägern glaubt fest daran, daß sie die erste sein wird, ohne sich jedoch vor Augen zu führen, wie viele vergebliche Anläufe bereits unternommen wurden.

Im Vergleich zu früheren Jahren wurden in den frühen Achtzigern nur relativ wenige Sichtungen gemeldet. Lag dies daran, daß die Zeitungen die entsprechenden Berichte nicht veröffentlicht haben, oder wurden einfach weniger Bigfoots gesehen? Während einige Forscher einen nie dagewesenen Mangel an Meldungen beklagten, gaben andere an, sie hätten auch für diesen Zeitraum eine Vielzahl von Sichtungen in ihren Archiven. Vielleicht hatten die reißerischen Geschichten in der Regenbogenpresse die Stimmung der Menschen gegen den Bigfoot gewendet. Wenn man Schlagzeilen liest wie »Die Geschichte vom Heiligen Bigfoot«, »Baby-Bigfoot hält Stadt in Atem«, »Ich bin der Vater eines Bigfoot-Babys«, »Blutjunge Schönheit heiratet Bigfoot«, »Bigfoot ist ein Außerirdischer«, »Wolfmensch raubt Kinder aus fahrenden Autos«, »Unfallopfer von Bigfoot gerettet«, kann man den Menschen nicht verdenken, daß sie das Wesen für einen Witz halten.

Ein potentiell interessanter Bericht tauchte im August 1984 auf. Die Meldung wurde sogar durch Fotoaufnahmen unterstützt. Zwei Männer, die um halb neun Uhr abends einige Kilometer nördlich von Agassiz in British Columbia mit dem Auto an einer Kiesgrube vorbeifuhren, bemerkten in zehn bis zwölf Metern Entfernung ein bärenähnliches Wesen, das versuchte, aus der Grube herauszuklettern. Sie fuhren noch ein wenig näher heran und schossen drei Polaroidfotos. Ihren Angaben zufolge war die Kreatur über 1,80 Meter groß und behaart, wog zwischen 130 und 180 Kilogramm und lief auf den Hinterbeinen. Bill Bedry äußerte sich wie folgt: »Ich kenne Bären, Pumas und alle anderen Tiere, die es hier so gibt. Ich bin schließlich Jäger. Was sollte es sonst sein – es sei denn, ein Zirkus war in der Nähe, dem ein Affe entlaufen ist. Was sollte es sonst sein? Es muß ein Bigfoot gewesen sein ... das Wesen ging wie ein Mensch.« Gordon Flanders fügte hinzu: »Es bewegte sich sehr schnell und gewandt. Es kann nur ein Sasquatch gewesen sein. Ich kann das zwar nicht mit allerletzter Sicherheit sagen, aber es war mit Sicherheit kein Bär, denn Bären können nicht auf zwei Beinen laufen. Irgendwie glaube ich jetzt an Sasquatches, denn ich meine, ich habe einen gesehen.« Angesichts der von den Zeugen an den Tag gelegten und zudem von Fotos unterstützten Gewißheit sollte man eigentlich denken, daß dieser Fall ein Knüller gewesen ist. Das war er jedoch beileibe nicht. Auf den Fotos, die die Männer für 50 Dollar verkauften, war lediglich ein verschwommenes dunkles Objekt gegen einen dunklen Hintergrund zu erkennen. Selbst nachdem sie von Forschern vergrößert wurden, waren auf den Aufnahmen keinerlei Details zu erkennen. Noch undurchsichtiger wurde der Fall, als ein weiterer Mann auftauchte und behauptete, die Sichtung sei ein Schwindel, und er, John Sullivan, sei derjenige gewesen, der sich ein Affenkostüm übergezogen habe und in der Grube herumgeklettert sei. Gordon Flanders wies Sullivans Behauptungen jedoch zurück und erklärte, Sullivan sei ein »Halunke«, mit dem er sich zerstritten habe. Wer hier letztlich die Wahrheit gesagt hat, bleibt unklar, dem ganzen Fall haftet jedoch durch das Hin und Her ein Makel an, der ihn letztendlich zweifelhaft wirken läßt und unbrauchbar gemacht hat.

1985 gab es einige faszinierende Berichte über Bigfoot-Sichtungen, die am hellichten Tag stattfanden. Am 15. August sahen drei Golfer im Medinah Country Club in Illinois eine schwarze, vollkommen behaarte und ungefähr 1,80 Meter große Kreatur, die hinter einem Baum hervorlugte und sie beobachtete. Als einer der Zeugen begann, Golfbälle in ihre Richtung zu werfen, ging sie am Zaun entlang, um dann wieder zum Baum zurückzukehren und ihn hinaufzuklettern. Von dort aus sprang das Wesen über den Zaun. Einer der Zeugen schilderte später die Begebenheit wie folgt: »Zuerst dachte ich, daß diese Kreatur ein Affe sein mußte oder ein Mensch in einem Affenkostüm. Dann aber sah ich, daß das Wesen kein Affe sein konnte, denn es ging wesentlich aufrechter, und die Körperproportionen ähnelten eher denen eines Menschen. Ein Mensch wiederum hätte sich jedoch kaum so gewandt in den Baum schwingen und mit derartiger Leichtigkeit über den Zaun springen können.« Nach Meinung der Augenzeugen könnte der Bigfoot auch einige Arbeiter beobachtet haben, die zur Erweiterung des Golfplatzes etwa 20 Morgen unberührten Waldes abholzten, die eventuell zu seinem Territorium gehört hatten.

Im September wurden zahllose Sichtungen aus Pennsylvania gemeldet. Am 6. September hatte Edward Kreamers Freundin den Eindruck, irgend jemand treibe sich im Garten des Hauses ihrer Eltern in North Annville herum. Kreamer lief auf die Veranda und rief den

Unbekannten an, der sich dadurch jedoch keineswegs einschüchtern ließ. Er hatte lange Arme, den Kopf eines Affen und war etwa 1,90 Meter groß. Weiterhin fielen Kreamer an dem Wesen die hängenden Schultern und die große Schrittspanne auf. Etwa 15 Sekunden lang konnte Kreamer die aufrecht gehende Kreatur beobachten. Am Ende des Monats sahen zwei Männer im East Pennsboro Township eine große, behaarte und faulig riechende Kreatur mit über fünf Zentimeter langen Fangzähnen. Tom Leach schilderte, wie sie winkend hinter einem Geländer stand und er in nur 2,5 Meter Entfernung an ihr vorbeiging. Polizeichef James Corbett zeigte sich nicht gerade amüsiert. Er hielt das Ganze für einen verfrühten Halloween-Scherz und war überzeugt, daß sich irgend jemand ein Affenkostüm übergezogen hatte. Der den Fall untersuchende Polizist und auch ein Nachbar, der das Wesen ebenfalls gesehen hatte, waren jedoch überzeugt, daß es weder ein Bär noch ein Mensch in einem Fellkostüm war. Als der Nachbar kurz nach Mitternacht noch einmal nach draußen gegangen war, hatte er zuerst einen strengen Geruch bemerkt und gleich darauf in etwa 10 bis 15 Meter Entfernung die Kreatur stehen sehen. Sie habe etwa einen Meter breite Schultern gehabt und sei ca. 1,80 bis 2,10 Meter groß gewesen. Der Kopf sei spitz zugelaufen und habe direkt auf den Schultern gesessen, ein Hals sei nicht zu erkennen gewesen. Der fehlende Hals ist ein Merkmal, das schon in vielen Beschreibungen aufgetaucht ist. Weiterhin gab der Nachbar an, das Wesen habe breite Hüften und am ganzen Körper zottige braune Haare gehabt. Die Arme hätten an der Seite weit hinuntergehangen und seien beim Laufen hin und her geschwungen, hätten also nicht die bei einem laufenden Menschen zu beobachtenden Pumpbewegungen beschrieben.

Obwohl dies nach der seriösen Schilderung einer unheimlichen Begegnung klingt, sind durch das Treiben einiger Witzbolde auch hier Zweifel angebracht. Anfang Oktober wurde nämlich in East Pennsboro ein 24 Jahre alter Mann festgenommen und zu einer Geldstrafe von 10 Dollar plus 50,17 Dollar Gerichtskosten verurteilt, nachdem er zugegeben hatte, sich als Bigfoot verkleidet zu haben. Er hatte ein Fellkostüm übergezogen, eine Maske mit Fangzähnen aufgesetzt und sich dann so hingestellt, daß er von den Scheinwerfern vorbeifahrender Fahrzeuge erfaßt werden mußte. Seine Freunde gaben an, sie hätten ihn am frühen Morgen des 29. September dort abgesetzt. Er sagte, er habe sich zu dem Schabernack hinreißen lassen, nachdem er über Leute gelesen hatte, die einen strengen Geruch bemerkt und unheimliche Schreie gehört hatten. Ist dies die Erklärung für die East Pennsboro-Sichtungen vom 29. September? Höchstwahrscheinlich. Der Fall verdeutlicht, wie leicht ein Mensch in der ersten Überraschung und Angst selbst einen maskierten Witzbold im Affenkostüm für einen Bigfoot halten kann und all die typischen Merkmale sieht, die er bei diesem Wesen erwartet, wie z. B. die langen Arme und den eigentümlichen Gang. Man fragt sich unwillkürlich, wie viele andere Zeugen von Spaßvögeln auf den Arm genommen wurden oder einfach nur normale Tiere nicht erkannt haben. Schließlich waren viele Sichtungen nur flüchtiger Natur und fanden bei Nacht statt.

In diese Kategorie gehört auch ein Vorfall, der sich im Oktober 1985 im südöstlichen Indiana ereignete. Um zwei Uhr nachts ging der Zeuge zur Tür, um nach seinem Hund zu sehen, der im Garten angekettet war und bellte. Er sah jedoch nicht nur seinen Hund, sondern auch eine 2,10 bis 2,40 Meter große Kreatur, die unter der Außenlaterne stand und den Hund beobachtete. Er rannte sofort zurück ins Haus und holte sein Gewehr, ließ aber in der Eile beim Laden die Patronen fallen. Dann fiel die Kreatur, die sich mittlerweile langsam zurückzog, auch seiner Freundin auf. Sie schrie entsetzt auf und stieß den Mann in den Rücken, so daß ihm auch noch das Gewehr aus der Hand fiel. Man sieht also, daß es viele Wege gibt, einem Bigfoot die Flucht zu erleichtern ... Hinterher fand man einige große Fußspuren, und der Forscher Art Kapa, der den Fall untersuchte, fertigte von ihnen Gipsabdrücke an, die mehr als 40 cm lang und knapp 18 cm breit waren. Er fand auch noch andere Menschen, die einen Bigfoot gesehen hatten; einer sprach dabei von einer weißen oder grauen Kreatur.

In den meisten Sichtungsberichten ist von einer riesigen, sich nur für einen kurzen Augenblick zeigenden Gestalt die Rede. Am anderen Ende des Spektrums gibt es aber auch extrem bizarre Schilderungen, die jedoch mit aller Ernsthaftigkeit berichtet werden. So behauptete eine auf einer Ranch im Nordwesten Oregons lebende Familie, mehrere unheimliche Begegnungen gehabt zu haben. Im Juni 1986 z. B. habe sich die Tochter im Teenageralter zusammen mit ihrer jüngeren Schwester gerade im Stall befunden und vom Boden aus Heu zu den Kälbern hinuntergeworfen, als im Dunkeln plötzlich große Hände nach ihr gegriffen und sie gelähmt hätten. Mittels Telepathie seien ihr Fragen gestellt worden wie z. B. »Wer bist du?« und »Wer ist das andere Mädchen?«, die sie alle beantwortet habe. Offensichtlich hätten in dem Stall zwei Bigfoots geschlafen. Später konnte sie deren Anwesenheit spüren und mit ihnen telepathisch kommunizieren. Ihre Mutter sah im Juli am hellichten Tag in 30 bis 50 Meter Entfernung ein Bigfoot-Weibchen, das ein Baby an der Brust trug. Das Weibchen hatte große Brüste, die voller Milch zu sein schienen, und hielt ein Baby in den Armen wie eine Menschenmutter. Mit Ausnahme der Bereiche um Maul und Augen seien die Gesichter der Wesen behaart gewesen. »Sie sah aus wie eine Kreuzung aus Mensch und Affe ... ihr Verhalten war jedoch eher menschenähnlich«, fügte die

Frau hinzu. Sie spürte, daß das Wesen ihr mitteilte, nicht näher zu kommen, so blieb sie stehen und beobachtete, wie der Bigfoot auf der in die Berge führenden Straße davonging.

Sie hatte bereits einige Jahre zuvor Bigfoots gesehen: einmal ein 2,40 Meter großes Exemplar, ein anderes Mal eine Mutter mit ihrem 90 cm großen Jungen, das sie sogar an die Hand nehmen durftc. Außerdem hatte sie an einer Glastür, die aus dem Rahmen gehoben worden war, den Abdruck einer riesigen Hand gefunden. Im März 1987 war sie erneut auf die Wesen getroffen: Vier der Kreaturen statteten ihr einen Besuch ab, während sie bei einem Picknick an einem entlegenen See auf mehrere Babys aufpaßte. Auf telepathischem Weg stellten sie Fragen zu den Babys. Sie fragte zurück: »Die UFOs, die wir bei uns sehen, bedeuten die, daß ihr von einem anderen Planeten kommt? Von welchem Planeten seid ihr?« Sie bekam keine Antwort, spürte jedoch, wie die Geschöpfe ein Gefühl der Liebe aussendeten. Eines der Wesen zeichnete eine »Hieroglyphe« auf den Boden. Jack Lepseritis, der Forscher, der diese Ereignisse untersuchte, behauptete, noch weitere Schilderungen erhalten zu haben, in denen mit »Bigfoot-Menschen« per Telepathie kommuniziert worden sein soll. Obwohl sie äußerst phantastisch und für nicht wenige Menschen sicherlich abstrus wirken, müssen solche Berichte auch einmal erwähnt werden, da auch sie Teil des Bigfoot-Phänomens sind.

Im Sommer desselben Jahres wurden aus Kaliforniens Inyo National Forest auch noch einige »normale« Begegnungen mit Bigfoots gemeldet. Fünf Arbeiter, die in den Bergen eine Brücke über einen Fluß bauten und in der Nähe des Monache Mountain lagerten, hörten laute Schreie, die ihnen mit der Zeit dermaßen auf die Nerven gingen, daß einer von ihnen einen Warnschuß abfeuerte. Ihren Worten nach hätten einem die Schreie die Haare zu

Berge stehen lassen: »Sie klangen wie die Schreie einer bis aufs Blut gequälten Frau, waren aber so laut, daß die Kreatur ein enormes Lungenvolumen gehabt haben muß. Uns fiel die Kinnlade herunter.« Im Zwielicht sahen sie dann in etwa 50 bis 100 Metern Entfernung die Umrisse einer mindestens 2,40 Meter großen menschlichen Gestalt. »Wir konnten die Silhouette einer gigantischen, menschenähnlichen, dunklen, bulligen und schwerfälligen Gestalt erkennen. Das Wesen besaß einen Körperbau wie ein Mensch, war aber irgendwie prähistorisch, da es diese langen, an beiden Seiten des Körpers herunterbaumelnden Arme hatte und vornübergebeugt stand.« Die Männer der Gruppe, die sich mit Bären und Berglöwen auskannten, versicherten, daß es sich bei der Kreatur mit Sicherheit nicht um einen Bären gehandelt habe und die Schreie auf keinen Fall von einem Puma stammten. Am Schluß waren die Männer nervlich so angeschlagen, daß sie das Gebiet für einige Tage verließen.

Später in diesem Monat, im August 1986, sah ein Mann, der unter dem Gipfelkamm der Taylor's Ridge in Georgia/Alabama nach Ginseng suchte, eine große Kreatur mit spitzem Kopf und Armen, die bis zu den Knien herunterhingen. Seinen linken Arm schien das Wesen nicht mehr gebrauchen zu können, denn die Fingernägel waren lang und gebogen. Der rechte Arm und die rechte Hand funktionierten offenbar normal, während das linke Bein ebenfalls verletzt zu sein schien. Das Geschöpf war mit dichten, langen, schwarzen Haaren bedeckt, die in Locken herunterfielen. Sein Gesicht erinnerte mit seinen wulstigen Lippen und der flachen Nase an das eines Affen. Es war zwar nur sechs bis acht Meter entfernt, machte aber keinerlei Anstalten, den verängstigten Menschen anzugreifen. Es grunzte nur und trottete schließlich davon. Wesentlich aggressiver verhielten sich zwei Kreaturen, die zwei Männern, Vater und Sohn, am 25. Oktober 1986 am Dillon's Mountain in West

Virginia über den Weg liefen, als diese gerade nach Truthähnen jagten. Sie hörten zuerst das Brechen von Ästen und sahen dann »einen schwarzen, etwa 2,40 Meter großen Gorilla«. Der Sohn beschrieb die Situation wie folgt: »Das Wesen und ich starrten uns einige Sekunden lang an, plötzlich fing es an zu brüllen wie ein Gorilla und stürzte sich auf mich. Ich drehte mich um und rannte zurück ...« Sein Vater dachte zuerst an einen Bären, als es jedoch näher kam, erinnerte es ihn an »einen riesigen Menschen in einem Gorillakostüm. Ich war so überrascht, daß ich vollkommen vergaß zu schießen. Außerdem konnte ich einfach nicht sagen, ob es nun ein Mensch war oder nicht.« Beide Männer gestikulierten wild und brüllten, um das Wesen zu verscheuchen, als der Vater plötzlich von einer zweiten Kreatur angegriffen wurde, einem Weibchen. Mit Ausnahme der Brüste war auch es vollständig schwarz behaart. Nachdem sich der Vater losgerissen hatte, wurden die beiden Männer von den beiden Geschöpfen umkreist, die dabei »knurrten und andere schreckliche Laute ausstießen«. Nach etwa zehn Minuten hob der Vater schließlich sein Gewehr auf und feuerte in die Luft, worauf die Kreaturen erschrocken davonliefen. Trotz der bedrohlichen Situation konnten sich die beiden Männer nicht dazu durchringen, auf die Wesen zu schießen, da sie »zu menschlich aussahen«. Sie hatten große, gelbe Zähne, die an die von Menschen erinnerten, jedoch keine Fangzähne. Auch Hände und Füße ähnelten sehr denen eines Menschen, waren jedoch behaart. Ihre Nasen seien eine Kreuzung aus Menschen- und Gorillanase gewesen. Die Männer brachten von ihrem Abenteuer acht Strähnen rauher, schwarzer Haare mit, die aussahen, als ob sie aus der Mähne oder dem Schwanz eines Pferdes stammten.

Wie bei einer realen, aber noch nicht identifizierten Kreatur nicht anders zu erwarten, erfolgt eine große Anzahl der Sichtungen in sehr entlegenen Gebieten, meistens durch Menschen, die in diesen Gegenden arbeiten oder sie durchwandern. Zahllose entsprechende Berichte aus der Vergangenheit haben wir in diesem Buch bereits aufgeführt, und derartige Meldungen setzen sich auch heute noch fort. Die wirklich bizarren Geschichten scheinen jedoch in Schüben zu kommen, zuerst aus einem Gebiet, dann aus dem nächsten, wobei es sich oftmals um Regionen handelt, in denen man nicht unbedingt erwartet, einen bisher nicht identifizierten, 2,40 Meter großen Hominiden zu finden. Vielleicht beruhen solche Fälle einfach auf einem Nachahmungseffekt: Irgend jemand sieht etwas, das er nicht identifizieren kann. Der Vorfall wird öffentlich, und anschließend übernimmt – zusätzlich getragen durch Schwindeleien und Hysterie und manchmal auch durch einen lokalen Forscher, der nach weiteren Sichtungen fahndet – das kollektive Gedächtnis mit seinem Wissen über den Bigfoot die Regie. Nach einer Weile kocht das Ganze dann über, und die Aufregung schwindet. Dieser Prozeß ist für die ernsthaften Bemühungen, mit denen geklärt werden soll, ob in der Wildnis Nordamerikas tatsächlich eine bisher unbekannte menschenähnliche Spezies lebt, nicht gerade hilfreich.

Am 14. März 1987 sahen Ölarbeiter bei Calgary in Alberta mitten in der Nacht ein Geschöpf, das »viel größer war als ein Mensch« und sie beobachtete. Es lief mit »extrem langen Schritten« über die Straße und durch das Unterholz. Dabei bewegte es sich aufrecht wie ein Mensch. Miles Jack sah es innerhalb von einer halben Stunde gleich viermal. Jedesmal, wenn es bemerkte, daß es entdeckt worden war, rannte es »schnell wie ein Hirsch« davon. Am nächsten Tag fanden die Männer im Schnee riesige Fußabdrücke. Später reiste auch der erfahrene Forschungsveteran John Green zu dem Schauplatz. Die Spuren waren mittlerweile jedoch durch das Wetter und die vielen Schaulustigen stark in Mitleidenschaft gezogen worden. Seinen Angaben zufolge zeigten die von den Trittsiegeln geschossenen Fotoaufnahmen, daß die Füße etwa 30 cm breit waren. Der Abstand zwischen den Knien habe 90 cm betragen. Ein Mensch könne seine Knie jedoch niemals 90 cm auseinanderbringen, egal, wie groß er sei. Weiter im Süden, in Kalifornien, sichteten drei arbeitslose Holzfäller am 24. April 1987 einen Bigfoot, als sie sich bei Sonnenaufgang auf einem verlassen Picknickgelände am Highway 89 bei Truckee befanden. Zuerst hörten sie einen unheimlichen Schrei, und als sie von ihrem morgendlichen Kaffee aufschauten, sahen sie eine behaarte, rabenschwarze und 2,70 bis 3 Meter große und aufrecht stehende Kreatur. Als Wildhüter später nachsuchten und keine Spuren fanden, vermuteten sie, daß die Männer einen Bären gesehen hatten. Angesichts der Tatsache, daß alle drei früher als Holzfäller und damit im Wald gearbeitet hatten, sollte man jedoch erwarten, daß sie einen Bären sehr genau von anderen Wesen zu unterscheiden wußten.

Im Laufe des Jahres 1987 kam es zu wiederholten Sichtungen in Ohio, die von Mark Francis von der *Ohio Bigfoot Research Group* (der Bigfoot-Forschungsgruppe von Ohio) gesammelt und untersucht wurden. Coshocton schien für die Bigfoots besonders attraktiv zu sein, denn hier wurden gleich mehrere eindeutige Sichtungen gemeldet. Charles Faulkner saß an einem Juniabend in seinem Wohnwagen vor dem Fernseher, als er einen strengen Geruch bemerkte. Er ging in die Küche und sah von dort aus ein behaartes Tier, das ihn durch das Fenster beobachtete. Es hatte glühend rote, tief in den Höhlen liegende Augen und eine flache Nase. Insgesamt erinnerte das Gesicht an einen Gorilla. Im Licht der Außenbeleuchtung konnte Faulkner die runzeligen und vertrockneten Brüste des Wesens erkennen. Es gab einen gurgelnden Laut von sich und verschwand vom Fenster.

Faulkner griff sein Gewehr und lief nach draußen, konnte aber nur noch hören, wie die Besucherin durch den Bach watete und dann einen Hügel hinauflief. Am nächsten Tag fand er an beiden Bachufern mehr als 35 cm lange Trittsiegel. Zwei Wochen später sah er des Morgens auf dem Weg zur Arbeit einen weiteren Bigfoot, der vor ihm über die Straße sprang. Er war schwarz und mit 2,70 bis 3 Metern Höhe viel größer als der erste. Im November schließlich sah ein Verwandter Faulkners, der ihn besuchen wollte, ein großes Geschöpf mit glühenden Augen über die Straße laufen. 1988 setzten sich die Sichtungen fort.

1988 hoffte Professor Grover Krantz darauf, während einer Sommerexpedition im Bundesstaat Washington endlich einen Bigfoot aufzuspüren. Er setzte dazu einen selbstkonstruierten, ultraleichten Hubschrauber und einen Infrarot-Scanner ein. Er hatte nicht die Absicht, die von ihm eventuell gefundene Kreatur zu erlegen, war aber doch der Meinung, daß nur ein toter Bigfoot wirklich eingehend untersucht werden könne. Bisher jedoch sind sämtliche Bemühungen, wirklich brauchbare oder überhaupt irgendwelche Überreste eines Bigfoot zu finden, erfolglos geblieben. Die Berichte über Sichtungen reißen allerdings nicht ab, so auch 1988, als im Mai zahllose Meldungen aus Arkansas einliefen. Eine ganze Reihe von Menschen hatte das Geschöpf auf Straßen in der Umgebung von Jonesboro gesehen. Insassen eines Schulbusses, der auf dem Highway 349 unterwegs war, sahen eine schwarze, zottelige und 1,80 bis 2,10 Meter große Kreatur mit glühenden Augen und einer Schrittweite wie ein Mensch. Für einen Bären oder einen Hirsch sei sie zu groß gewesen, und der Busfahrer, ein Jäger, schwor Stein und Bein, daß es kein Bär war. Andere Augenzeugen stimmten dem zwar zu, aber die Naturbehörde ließ verlauten, daß in der Region mehrere Bären gesehen wurden, wobei es sich wahrscheinlich um

Tiere handele, die aus Minnesota nach Arkansas eingeführt worden seien. Sie räumte jedoch ein, daß es für Bären sehr ungewöhnlich sei, Straßen bei Fahrzeugverkehr zu überqueren. Noch ungewöhnlicher ist, wenn sie dabei auf den Hinterbeinen laufen.

Joe Cagler war ein anderer Jäger, der den Bigfoot im Beisein von Freunden und Verwandten gesehen hat, als dieser am 5. Mai um zehn Uhr abends den Highway Arkansas 226 überquerte. Zuerst dachten sie, eine Kuh vor sich zu haben, bis er direkt vor ihr Auto sprang. Er hüpfte mit nur drei Sätzen über die Straße, setzte dann über den Graben, fiel auf alle viere, rappelte sich auf und lief in die Wälder. Als sich das Geschöpf, während es fiel, nach ihnen umdrehte, bemerkten sie, daß ein Auge leuchtete. Ihren Angaben nach war es mit Sicherheit kein Bär oder ein Mensch. Es sei schwarz, glänzend und 2,10 Meter groß gewesen, und die Haare an den Beinen hätten federartig geflattert.

Im Oktober desselben Jahres hatte Paul Freeman an der Mill Creek Watershed in Washington eine weitere flüchtige Begegnung mit einem Bigfoot. Am 5. Oktober war er mit seinem Sohn Duane unterwegs, der den aus dem Wald tretenden Bigfoot zuerst erblickte. Freeman entschloß sich sofort, Fotoaufnahmen zu machen. Er legte einen Film in seine altmodische Kamera ein und begann zu knipsen; der Bigfoot ist jedoch auf keinem der Bilder richtig zu erkennen. Das Wesen sei etwa 130 bis 140 Meter weit entfernt und etwa 2,10 Meter groß gewesen. Es habe zwischen 200 bis 300 Kilogramm gewogen und lange Arme gehabt. Die Körperhaare seien dunkel, die Haare im Gesicht dagegen gräulich gewesen. Das beste Foto zeigt lediglich eine große, menschenähnliche Gestalt, die zwischen einigen Bäumen steht. Details sind nicht zu erkennen. 1989 behauptete Freeman in einem Presseinterview, den Bigfoot insgesamt viermal gesehen zu haben. Zu dieser Zeit war er dreimal pro Woche in

Gipsabdruck einer Bigfoot-Spur, die 1990 am Mt. Rainier, Washington, entdeckt wurde: 37 cm lang und 18 cm breit. *(Cliff Crook/FPL)*

Paul Freemans Sohn Duane fotografierte am 5. Oktober 1988 bei Walla Walla diesen Bigfoot. *(Paul Freeman/FPL)*

den Wäldern und hatte sich die Suche bereits 50.000 Dollar kosten lassen.

Ende der achtziger Jahre schienen Berichte über Sichtungen wieder spärlicher zu fließen. In Gebieten jedoch, in denen es schon immer viele Bigfoot-Sichtungen gab und in denen ein fleißiger Forscher am Werk ist, tauchen immer wieder Berichte auf. Don Keating z. B. erfaßte 1989 im östlichen Ohio dreißig Sichtungen, Mark Opsasnick in Maryland zumindest einige. Am 27. März 1989 sahen zwei Jungen aus einem Garten in Odenton, Maryland, heraus eine knapp einen Meter große, aufrecht gehende Kreatur. Nach Angaben der Jungen waren ihre Beine gebogen oder gekrümmt, und über den Rücken lief ein langer weißer Streifen. Das Wesen sei vollständig mit schwarzen und braunen Haaren bedeckt gewesen. Es sei sehr steif, aber auch vollkommen geräuschlos gelaufen und habe im Unterholz eine Spur hinterlassen. Fußabdrücke wurden aufgrund der Beschaffenheit des dortigen Untergrunds nicht gefunden.

Im folgenden Monat wurde ein 2,40 Meter großer Bigfoot bei Fort Bidwell in Kalifornien in einem Indianerreservat gesehen. Der Zeuge Kenneth Sam, der gerade auf Wache stand, bemerkte ihn vor einem Haus. Als er seine Taschenlampe auf das ungefähr 35 Meter entfernte Geschöpf richtete, rannte es erst auf ihn zu und drehte dann ab. Sam schilderte es später wie folgt: »Es war groß, dunkel und behaart. Es hatte silbrige Augen und bewegte sich äußerst schnell. Es war wesentlich größer als ein Football-Spieler und besaß eine ziemliche Schulterbreite. Manchmal schien es fast zu gleiten oder zu schweben. Ich dachte immer, eine Antilope sei schnell, aber dieser Bursche ist wirklich sehr schnell. Er scheint außerdem sehr neugierig zu sein.« In den folgenden Nächten zündete Sam vor dem Haus einige Feuer an: »Vor Feuer scheint es Angst zu haben. Es kommt nicht, wenn das Feuer brennt«, meinte er.

Später im Jahr 1989 bemerkten drei Menschen, die in Bella Coola in British Columbia um einen Küchentisch saßen, plötzlich einen gräßlichen Gestank. Als Glen Clellamin draußen etwas bemerkte, rannten alle ans Fenster, da sie annahmen, es handele sich um einen Bären, der es auf das in der Veranda hängende Fleisch abgesehen hatte. Im Licht der Veranda zeigte sich dann jedoch ein 2,10 bis 2,40 Meter großes, behaartes und aufrecht gehendes Wesen mit langen Armen und breiten Schultern. In der nächsten Nacht wurden die Männer durch das Gebell ihrer Hunde aus dem Schlaf gerissen. Als sie nachschauten, sahen sie den Bigfoot erneut, diesmal im Garten nebenan. Sie verfolgten ihn bis zum Fluß. Als sie noch knapp zehn Meter von ihm entfernt waren, hielt er an und schaute sich nach ihnen um. Zuerst riefen sie das Wesen zwar an, ergriffen dann jedoch die Flucht, da es begann, sich ihnen zu nähern. Sie hörten noch einen hohen Schrei, und als sie am nächsten Tag nachsuchten, fanden sie drei Paar unterschiedlich große Fußspuren. Auch andere Menschen hatten die Kreaturen gesehen, von denen eine groß, eine mittelgroß und eine klein gewesen sein soll. Dies läßt darauf schließen, daß es sich um eine Familie handelte, die in der Gegend nach Nahrung suchte.

Anfang der neunziger Jahre schienen für Bigfoot-Forscher erneut magere Zeiten anzubrechen. Es gab nur wenige, sehr kurze Sichtungen. In ihrem Haus in Maryland hatte Peggy Nichols des Nachts bereits seit einigen Wochen Schreie gehört. Dann, am 14. Mai 1990 um ein Uhr nachts, sahen Peggy und ihre Schwester endlich den Verursacher. Von der hinteren Verandatür aus konnten sie etwa zehn Meter entfernt in einer Ecke des Gartens eine große, behaarte Kreatur beobachten. Obwohl sie sich schnell wieder in den Wald zurückzog und nur kurz zu sehen war, meinten die beiden Frauen sagen zu können, daß sie etwa 2,10 Meter groß war und

Ein Teil einer mehrere Meilen langen Bigfoot-Spur, die im Januar 1991 bei Walla Walla entdeckt wurde. Sie bestand aus 5800 Einzelabdrücken.
(Paul Freeman/FPL)

aufrecht ging. Bis zu dieser Sichtung wurde allgemein angenommen, die Schreie kämen von den Wildkatzen, die dem nahen Wildcat Creek seinen Namen gegeben hatten.

Nach seinen Sichtungen in den Jahren 1982 und 1988 behauptete Paul Freeman 1992, in den Blue Mountains im Bundesstaat Washington weitere Begegnungen mit Bigfoots gehabt zu haben. Am 20. April hatte er einen Bigfoot mit seinem Camcorder aufgenommen, den er immer statt eines Gewehrs bei sich trug. Das Material stellte sich jedoch als minderwertig heraus. Am 20. August befand er sich an einem großen Teich bei Deduct Spring, an dem sich häufig Waldtiere einfinden. Er hatte den Teich bereits vorher regelmäßig besucht und nahm dort oft stundenlang seinen Beobachtungsposten ein. Diesmal entdeckte er frische Bigfoot-Spuren und folgte ihnen. Schon bald hörte er ein Geräusch im Unterholz, das klang, als ob sich etwas seinen Weg bahnte. Gleich darauf hatte er auch schon einen Bigfoot vor der Linse. Dann sah er noch einen zweiten, der so nah herankam, daß sein deformiertes Gesicht zu erkennen war. Er knurrte ihn an, so daß sich Freeman beim Filmen zusammenreißen mußte, um ruhig zu bleiben. Als das Wesen schließlich im Gebüsch verschwand, nahm Freeman die Verfolgung auf, spürte aber bald, daß die Wesen verärgert waren, und bekam Angst. Er versteckte sich deshalb für eine Weile unter einem umgestürzten Baum, bevor er schließlich endgültig den Rückzug antrat. Nachdem es ihm endlich gelungen war, einen Bigfoot seiner Meinung nach zufriedenstellend auf Film zu bannen, beschloß er, seine Jagd auf das Wesen aufzugeben. Wie spätere Berichte von ihm zeigen, hielt dieser Vorsatz jedoch nicht allzulange vor.

Ebenfalls im August 1992 sahen acht Personen in der Nähe des Nez Perce-Indianerreservats in Idaho ein großes, behaartes Wesen, das einen Hügel hinunterstieg.

Becky Johnson, die es zuerst gesehen hatte, versuchte vergeblich, die 2,10 bis 2,40 Meter große Kreatur zu fotografieren. Sie machte andere auf das Wesen aufmerksam, darunter auch einen Parkranger, der bestätigte, daß es sich keineswegs um einen Bären handeln könne. Professor Grover Krantz besuchte die Sichtungsstelle einige Tage später und entdeckte in einem umgepflügten Feld Spuren mit einer ungewöhnlich große Schrittweite.

Am 12. September hatten zwei Jungen in der Nähe ihres Elternhaus in Klamath, Kalifornien, gute Sicht auf einen Bigfoot. Am Morgen waren sie in das Buschland gegangen, um nach Schlangen zu suchen, als sie das Geräusch sich bewegender Zweige hörten und einen widerwärtigen Gestank bemerkten, der sie an faulendes Hühnerfleisch erinnerte. Einer von ihnen erklärte: »Als wir aufschauten, sahen wir dort [ca. 90 Meter entfernt] den großen, haarigen Menschen stehen. Er war am ganzen Körper mit dichten, dunkelbraunen Haaren bedeckt und schüttelte den Zweig, den er in der Hand hielt. Wir konnten sein Gesicht gut erkennen. Mein Freund und ich schauten ihn ein paar Sekunden lang an und liefen dann den ganzen Weg zurück ins Haus.« Daryl Owen, Vater eines der Jungen, gab an, die beiden seien dermaßen erschrocken gewesen, daß er zu der Stelle gegangen sei, an der die zwei den »großen, haarigen Menschen« gesehen hatten. Er erwartete eigentlich, entweder Bärenspuren oder aber überhaupt nichts zu finden, stieß aber statt dessen auf Trittsiegel, die über 40 cm lang und an den Zehen mehr als 20 cm breit waren. Insgesamt zählte er 56 Abdrücke mit einer Schrittweite von über 140 cm. Dann hörte er, wie sich etwas durch das dichte Gebüsch bewegte und zog sich daraufhin eilig zurück. In der nächsten Nacht begannen die Schreie, »bellende, an das Gekreisch von Affen erinnernde Laute«, die danach jede Nacht über den Canyon schallten.

Owen untersuchte das Gebiet zusammen mit dem Forscher Scott Herriott. Dabei sahen sie zweimal etwas mit glühenden roten Augen. Einmal bemerkte Owen auch, wie ihn irgend etwas aus dem Gebüsch heraus beobachtete. Er gab an, es habe tief in den Höhlen liegende Augen, große Nasenlöcher, ein dunkles, orangefarben verbranntes Gesicht und lange Haare gehabt, die beim Drehen des Kopfes »umhergeflogen« seien. Im Oktober nahmen sie angeblich einen Bigfoot auf Video auf, auf dem jedoch so wenig Einzelheiten zu erkennen sind, daß ein Forscher sich sicher war, sie hätten einen Bären gefilmt. Im Zeitraum von Oktober bis Dezember 1992 wurden in diesem Gebiet im nördlichen Kalifornien gleich mehrere Sichtungen gemeldet, eine davon an der Old Klamath Bridge, wo eine vierköpfige Urlauberfamilie eine hellbraune, 2,40 bis 2,70 Meter große Kreatur sah, die eine über sieben Meter breite Straße in drei Sätzen überquerte. Nach Angaben der Zeugen wog sie um die 200 Kilogramm, besaß keinen Hals und erinnerte eher an einen Gorilla als einen Menschen. Am nächsten Tag entdeckte man 16 Fußabdrücke. Nur einige Tage später wurde ein ebenfalls hellbraunes, aber nur 1,50 bis 1,80 Meter großes Wesen dabei beobachtet, wie es Steine auf ein Fahrzeug des Nationalparks warf.

Bigfoot-Sichtungen werden häufig auch von Wohnwagenplätzen gemeldet. Hierfür scheint es vor allem zwei Gründe zu geben: Zum einen ist der Bigfoot wahrscheinlich neugierig genug, um wissen zu wollen, wer da auf seinem Territorium campiert, diese Plätze bieten ihm zudem reichlich Nahrung. Andererseits handelt es sich bei den dortigen Menschen häufig um Stadtbewohner, die an die Wildnis nicht gewöhnt sind und deshalb »normale« Tiere, besonders wenn sie sie des Nachts aufschrecken und in die Flucht treiben, als viel größer und furchteinflößender wahrnehmen, als sie eigentlich sind. In den Jahren 1993/94 wurden gleich mehrere interessante Sichtungen auf Zelt- bzw. Wohnwagenplätzen gemeldet. Am 30. Mai 1993 sah eine Frau auf einem Campingplatz 32 Kilometer südlich von Molalla in Oregon einen Bigfoot, der ihren Angaben zufolge ungefähr 2,70 Meter groß gewesen sein und um die 250 Kilogramm gewogen haben soll. Aufgefallen waren ihr außerdem der braune Pelz mit zimtfarbenen Spitzen, die 15 cm langen Kopf- und die mehr als sieben Zentimeter langen Körperhaare, der wie eine Gewehrkugel geformte Kopf, der große Augenbrauenwulst sowie die plattgedrückte Nase. Die Sichtung hatte bei Tageslicht aus knapp zwanzig Meter Entfernung stattgefunden. Im Schlamm entdeckte Fußabdrücke maßen 43 x 20 cm. Auch Freunde der Frau hatten den Bigfoot gesehen, und ein kleines, drei Jahre altes Mädchen gab an, ein »wirklich großer Affe« habe zu ihm ins Auto geblickt. Als sich die Gruppe drei Wochen später wieder auf dem Platz befand, stattete ihnen der Bigfoot erneut einen Besuch ab. Das kleine Mädchen sah, wie der »große Affe« am Lagerfeuer einen Apfel verspeiste. Man bemerkte außerdem reflektierende Augenpaare und einen beißenden Geruch. Weitere Sichtungen wurden am 4. Juli gemeldet. Als man den Bigfoot bei Tageslicht durch ein Fernglas beobachtete, erkannte man dünne Lippen, eine fliehende Stirn und Ohren, die denen eines Menschen glichen.

Die Zeugen waren der Meinung, daß sich eine ganze Bigfoot-Familie in dem Gebiet aufhalte. Im Oktober 1993 gab es Sichtungen am Crook Campground beim Woods Canyon Lake in Arizona. Charlene Eairheart, die Leiterin des Platzes, mußte beim Schießen einem dringenden Bedürfnis nachgeben und spürte plötzlich, daß sie beobachtet wurde. Als sie aufschaute, sah sie das Geschöpf von der Hüfte abwärts. Es glich einem Menschen, hatte aber langes, orangenes Haar, das bis über die Hüften herunterfiel. Die Männer fanden später Fußabdrücke von insgesamt drei Geschöpfen und entdeckten außerdem zerkaute Baumrinde. Auf Grundlage der Höhe der Baumschäden schätzten sie die Kreaturen auf 2,10 bis 2,70 Meter. Aus den Fußspuren schien hervorzugehen, daß die Zehen mit Häuten verbunden waren. Ein Fuß schien außerdem aufgrund einer Verletzung deformiert zu sein.

Im Januar 1994 wurde offenbar ein weiterer Campingplatz von einem Bigfoot besucht, diesmal am Molalla River in Oregon. Die Familie, deren Mitglieder als Zeugen auftraten, hatte den Platz bereits 1993 besucht. Nun hatte Sharon Jones' Tochter im Gebüsch zwei rote Schüsseln wiedergefunden, die beim Besuch zuvor verschwunden waren. Daneben lagen ihr ebenfalls vermißtes Silbergeschirr, ein Paar Stiefel, eine Glasschüssel und das Lenkrad eines Autos. Hat der Bigfoot etwa eine Schwäche für interessante Objekte? In den folgenden Tagen gab es Anzeichen, daß ein Bigfoot in der Nähe war. Der Wohnwagen wurde geschüttelt, auf einem Weg fanden sich Spuren, die aussahen, als ob dort etwas gesessen hätte, und Sharon Jones sah hinter einem Baum eine dunkelbraune Gestalt, von der sie beobachtet wurde. Als sie sie später erneut im Gebüsch knien sah, schoß sie zwei Fotos. Ihr Mann LeRoy sah die Kreatur dann in der darauffolgenden Nacht. Am folgenden Wochenende, als Ed Riddle in der Dunkelheit im Gebüsch nach Holz für sein Lagerfeuer suchte, spürte er plötzlich, wie ihm zwei Hände an die Hüfte griffen. Daß er daraufhin wild schreiend auf den Platz zurückrannte, kann nicht überraschen. Wenngleich es Anfang der neunziger Jahre – wie bereits angedeutet – nur wenige Sichtungen zu geben schien, berichtet Ray Crowe, daß er eine ganze Reihe von Beobachtungen, hauptsächlich aus Oregon und Kalifornien, an die *Western Bigfoot Society* geschickt habe. Eine weitere Sichtung auf einem Campingplatz datiert vom 19. September 1994. Der Zeuge

Eines der umstrittenen Fotos, die ein Forstbeamter bei Wild Creek beim Mount Rainier in Washington aufnahm. *(Cliff Crook/FPL)*

Tex Occanaa befand sich damals auf dem Hilson-Sanyo Camp am Baldwin Mountain in Kalifornien. Er sah die 2,10 Meter große Kreatur in der Platzbeleuchtung stehen, bevor sie mit einem Satz das Weite suchte. Sie drehte sich aber noch einmal und schnitt eine Grimasse in seine Richtung, wobei Fangzähne sichtbar wurden. Occanaas Angaben zufolge besaß das Wesen außerdem auffallend lange Arme sowie braune, zottige Haare und stank ganz fürchterlich.

1995 gelang es, detaillierte Fotos von einem riesigen Bigfoot zu machen. Schauplatz war Wild Creek in den Gebirgsausläufern des Snoqualmie National Forest im Bundesstaat Washington. Dort wanderte am 11. Juli ein Forstbeamter, der es vorzieht, anonym zu bleiben, über einen Bergkamm. Als er platschende Geräusche hörte, schaute er von einem Hochufer nach unten in einen sumpfigen Teich, in dem sich der Bigfoot befand. Insgesamt schoß er 14 Fotos, von denen einige aufgrund der Lichtverhältnisse unscharf sind, während wir das beste hier abgedruckt haben. Angesichts der Tatsache, daß sich das Geschöpf bisher noch jedem Versuch, es auf Film zu bannen, es zu fangen und so weiter erfolgreich entzogen hatte, sind derart klare und deutliche Aufnahmen natürlich zunächst einmal mit Vorsicht zu genießen. In diesem Fall fällt auf, daß sich der Bigfoot von Aufnahme zu Aufnahme überhaupt nicht bewegt zu haben scheint, was sehr unwahrscheinlich ist. Zudem ist der Fotograf offenbar ein sehr tapferer Mann, denn um gleich 14 Fotos zu schießen, mußte er ziemlich lange an seiner Position ausharren. Kurz danach, am 5. August, war der uns wohlbekannte Paul Freeman zusammen mit Bill Laughery und Wes Sumerlin, zwei anderen Veteranen der Bigfoot-Forschung, an der Biscuit Ridge in den Blue Mountains im Bundesstaat Washington unterwegs und überprüfte Fußabdrücke, die von drei Bigfoots zu stammen schienen. Laughery sah als erster die Gestalt, die in etwa zehn

Metern Entfernung neben einem Baum stand, und alarmierte die anderen. Als sie die Stelle jedoch erreichten, gab es dort nichts mehr zu sehen: »Die Gestalt war mit dem Unterholz regelrecht verschmolzen und verschwunden.« Als sie ihren Spuren folgten, sahen sie sie für einen kurzen Augenblick erneut und spürten die Anwesenheit mehrerer Kreaturen, die anscheinend nach Engerlingen, Ameisen und ähnlichem Getier gegraben hatten. Neben Hunderten von Trittsiegeln entdeckten die Forscher auch zur Seite gebogene junge Tannen und lange Haare verschiedener Farbe.

Ebenfalls im August 1995 gelangen einigen Männern im Jedediah Smith State Park aus einem Wohnmobil heraus Videoaufnahmen einer Kreatur, die sie auf einer

Dr. Grover Krantz und der Bigfoot-Forscher Cliff Crook untersuchen die Fotos von Wild Creek. *(Cliff Crook/FPL)*

Straße sahen und für einen Bigfoot hielten. Das Wesen schien etwa 2,10 bis 2,30 Meter groß zu sein, besaß eine fliehende Stirn und ging mit leicht gebeugten Knien. Da das Filmmaterial jedoch in der Nacht aufgenommen und der Bigfoot von Fahrzeugscheinwerfern angestrahlt wurde, sind kaum Einzelheiten zu erkennen. Im Laufe der Jahre sind eine ganze Reihe von Filmaufnahmen aufgetaucht, auf denen angeblich ein Bigfoot zu sehen sein soll. Die meisten sind jedoch entweder verschwommen oder zweifelhaft; die deutlichsten Aufnahmen bleiben weiterhin jene von Roger Patterson aus dem Jahr 1967. Selbst dieser Streifen gerät jedoch zunehmend unter Beschuß. 1997 wurde behauptet, der angebliche Bigfoot sei ein Mann in einem Kostüm von John Chambers gewesen. Chambers hatte bereits für viele große Filmproduktionen überzeugende Affenkostüme angefertigt. Diese Darstellung wurde jedoch von vielen erfahrenen Bigfoot-Forschern zurückgewiesen, und der mittlerweile schwer erkrankte Chambers stellte in einem Interview endgültig klar, daß er in keiner Weise an den Aufnahmen beteiligt gewesen war. Trotz allem ranken sich um Pattersons Film weiterhin Verdächtigungen und Gerüchte.

Im September 1996 wurde eine weitere Sichtung aus den Blue Mountains in Washington gemeldet. Ein Paar hatte an einem Aussichtspunkt in etwa 1800 Metern Höhe eine Pause eingelegt und mit dem Fernglas über die Mill Creek Watershed geschaut, als im Glas plötzlich vier aufrecht gehende Wesen erschienen, zwei große und zwei kleinere. Das Paar war überzeugt, Bigfoots gesehen zu haben. Wenngleich in den mittleren und späten neunziger Jahren viele der Berichte aus dem Nordwesten der Vereinigten Staaten kommen, gab es auch anderswo Aktivitäten, speziell im Sommer 1997. Am 24. Juli fuhren Amy Zumwalt und ihre Familie gerade aus dem Yellowstone National Park, als sie eine haarige Kreatur bemerkten, die über ein Schneefeld an einem Berggipfel ging. Sie schien 2,40 bis 2,70 Meter groß zu sein. Etwa um dieselbe Zeit wurden auch aus Ochopee im Big Cypress-Schutzgebiet in Florida zahllose Sichtungen gemeldet. Vor allem Reiseleiter und ihre Gruppen beobachteten dort eine 2,10 Meter große Kreatur. Die Berichte wurden von vielen in Zweifel gezogen. Man witterte einen Schwindel oder einen Publicity-Gag. Allerdings riskiert jeder, der in Nordamerika an einem solchen Betrug teilnimmt, sein Leben, denn es gibt eine ganze Reihe schießwütiger Zeitgenossen, die alles darum geben würden, als erster einen Bigfoot zu erlegen. Jemand, der sich als Bigfoot verkleidet, kann also nur als lebensmüde bezeichnet werden.

Es muß nochmals darauf hingewiesen werden, daß in diesem Buch nur ein Teil der gemeldeten Sichtungen aufgeführt ist. Insgesamt haben wir bisher weit über tausend Sichtungsberichte gesammelt, wobei die noch viel zahlreicheren Fälle, in denen nur Fußabdrücke gefunden wurden, gar nicht berücksichtigt sind. Außerdem ist davon auszugehen, daß uns viele Sichtungsberichte ganz einfach entgangen sind und daß es zudem noch eine große Dunkelziffer von Sichtungen geben dürfte, die überhaupt niemals bekannt geworden sind. Wir haben versucht, eine repräsentative Auswahl anzubieten, um dem Leser eine Vorstellung von diesem Phänomen zu geben. Was wir jedoch nicht liefern können, sind Antworten. Diese sind heute ebenso schwer zu geben wie eh und je. An der Schwelle eines neuen Jahrtausends stehen sich zwei Lager unversöhnlich gegenüber. Auf der einen Seite jene, die fest davon überzeugt sind, eindeutige Beweise für die Existenz des Bigfoots in Form Tausender von Sichtungen und Fußabdrücken, einiger Filmaufnahmen und sonstiger Anzeichen zu haben, wie z. B. beschädigte Bäume, zertrampeltes Gebüsch, Exkremente und Haare. Auf der anderen Seite stehen jene, die all diese »Beweise« anders interpretieren, nämlich als

Fehldeutungen, blinden Glauben an die Existenz dieses Wesens und sogar als ausgemachten Schwindel. Für diese Ungläubigen ist der Bigfoot nicht mehr als ein Beispiel dafür, wie Folklore entsteht. In gewisser Weise zeigen sich Parallelen zum seit kurzem aufkeimenden Interesse an UFO-Entführungen, für die es ebensowenig Beweise gibt wie für den Bigfoot. Das schlagende Argument für eine skeptische Betrachtungsweise besteht sicherlich darin, daß auch nach mehr als einem Jahrhundert der Suche noch nicht einmal der kleinste Teil eines Kadavers bzw. einer Leiche gefunden wurde. Bis zu dem Zeitpunkt, an dem doch sterbliche Überreste entdeckt und von der Wissenschaft als eindeutig unbekannte Spezies identifiziert werden, bleibt der Bigfoot ein Außenseiter, ein Wesen in jenem Schatten, in dem es sich am wohlsten zu fühlen scheint.

Anhang

Danksagung

Ohne die harte Arbeit der Bigfoot-Forscher in den USA und in Kanada hätte dieses Buch nicht entstehen können. Auch all jenen, die Daten über Bigfoot-Sichtungen veröffentlichen und damit den Forschern zugänglich machen, gebührt großer Dank. Viele dieser Menschen waren eine große Hilfe, indem sie uns Einzelheiten ihrer Untersuchungen und andere wertvolle Informationen zur Verfügung stellten. Besonders danken möchten wir Lucius Farish und Warren Thompson, die beide unerschöpfliche Informationsquellen waren, sowie John Green, der uns erlaubte, viele von ihm gesammelte und in seinen eigenen wertvollen Büchern veröffentlichte Fälle aufzuführen. Wertvolle Hilfe leisteten außerdem Archie Buckley, Tim Church, Loren Coleman, René Dahinden, Dave Drake, George W. Earley, Henry Franzoni, John Fuhrmann, Mark A. Hall, Grace Gensman Hamby, Joan LaBord Jeffers, Norman O. Josephsen, Wayne W. King, Edward Loughran, Gary S. Mangiacopra, Christopher L. Murphy, Marion T. Place, Ron Schaffner, Mike und Linda Ward, R. Martin Wolf, Don Worley.

Für ihre Hilfe bei den Illustrationen bedanken wir uns bei Loren Coleman, Cliff Crook, René Dahinden, Paul Freeman, Wayne W. King, The Morbridge Tribune, Wesley Proppe, Ron Schaffner, Warren Thompson und R. Martin Wolf.

Fotos, die mit »RD/FPL« gekennzeichnet sind, werden mit freundlicher Genehmigung der Fortean Picture Library abgedruckt (Fotograf René Dahinden, Sasquatch/Bigfoot Research & Photo Agency).

Dank gebührt außerdem folgenden Personen, die uns erlaubt haben, urheberrechtlich geschütztes Material zu publizieren:

dem Herausgeber für Material aus dem *Columbian* (Vancouver, WA); William P. Cheshire, Chefredakteur, für Material aus der *Daily Mail* (Charleston, WV); René Dahinden für Auszüge aus *Sasquatch* von Don Hunter und René Dahinden; Auszug aus *Situation Red: The UFO Siege* von Leonard H. Stringfield, Copyright © 1977 Leonard H. Stringfield. Nachdruck mit Genehmigung von Doubleday & Company, Inc. und Sphere Books Ltd.; Charles Edmonds für den Auszug aus seinem Bericht über eine Sichtung im Jahr 1962 bei Fort Bragg; Albert Fletcher für seinen Bericht über eine Sichtung im Jahr 1917; John Green und Cheam Publishing Ltd. für Auszüge aus Albert Ostmans Entführungsgeschichte; Jove Publications, Inc. für den Auszug aus *Abominable Snowman: Legend Come to Life* von Ivan T. Sanderson, Copyright © 1961, 1968 Ivan T. Sanderson; Mrs. Callie Lund für den Auszug aus ihrem Brief an John Green aus dem Jahr 1969; Elliott Merrick für den Auszug aus seinem Buch *True North*; Ron Schaffner für Auszüge aus zwei Sichtungsberichten (Gallipollis 1912, Eaton 1977); Stewart Spencer, Herausgeber, für Material aus den *News* (Charlotte, NC), Nachdruck mit Genehmigung von *The Charlotte News*; C. P. Cheney, Managing Editor, für Material aus dem *Standard-Examiner* (Ogden, UT); Mrs. Myrtle Walton für William Roes Sichtungsbericht aus dem Jahr 1955; R. Martin Wolf für die Auszüge aus seinem Bericht über die Wantage-Sichtungen im Jahr 1977; Mrs. Bruce Wright für den Auszug aus *Wildlife Sketches, Near and Far* von Bruce S. Wright; Bruce Yeomans für seinen Bericht über Sichtungen in den Jahren 1939/40.

Literaturverzeichnis

Bayanov, Dmitri, *America's Bigfoot: Fact, Not Fiction,* Moskau 1997

Beck, Fred, *I Fought the Apemen of Mt. St. Helens,* New Westminster, BC 1996

Berry, Rick, *Bigfoot on the East Coast,* Stuarts Draft, VA 1993

Bindernagel, Dr. John, *North America's Great Ape: The Sasquatch,* Courtenay, BC 1998

Bord, Janet & Colin, *Alien Animals,* London 1980; Harrisburg, PA 1981

Bord, Janet & Colin, *The Evidence for Bigfoot and Other Man-Beasts,* Wellingborough 1984 (deutsch: *Beweise: Der Yeti,* München 1988)

Bord, Janet & Colin, *Unheimliche Phänomene des 20. Jahrhunderts,* München 1995

Byrne, Peter, *The Search for Big Foot: Monster, Myth or Man?,* Washington 1975; New York 1976

Clark, Jerome, und Loren Coleman; *Creatures of the Outer Edge,* New York 1978

Gordon, David George, *Field Guide to the Sasquatch,* Seattle, WA 1992

Green, John, *The Sasquatch File,* Victoria, BC 1973

Green, John, *On the Track of the Sasquatch* (umfaßt *On the Track of the Sasquatch* und *Year of the Sasquatch*), New York 1973; überarbeitete Ausgaben veröffentlicht 1980 als *On the Track of the Sasquatch,* Bücher I und II.

Green, John, Sasquatch: *The Apes Among Us,* Victoria, BC 1978; Seattle 1978

Halpin, Marjorie M., und Michael M. Ames (Herausg.), *Manlike Monsters on Trial: Early Records and Modern Evidence,* Vancouver, BC 1980

Hunter, Don, mit René Dahinden, *Sasquatch,* Toronto, Ont. 1973; Scarborough, Ont. 1975; überarbeitete Ausgabe, Toronto, Ont. 1993

Johnson, Stan, *Bigfoot Memoirs: My Life with the Sasquatch,* Newberg, OR 1995

Keel, John A., *Strange Creatures from Time and Space,* Greenwich, CT 1970; London 1975; London 1976

Krantz, Grover S., *Big Footprints,* Boulder, CO 1992

Markotic, Vladimir und Grover Krantz (Herausg.), *The Sasquatch and other Unknown Hominoids,* Calgary, Alberta 1984

Murphy, Christopher L. (mit Joedy Cook und George Clappison), *Bigfoot in Ohio: Encounters with the Grassman,* New Westminster, BC 1997

Murphy, Daniel W., *Bigfoot in the News* (fotokopierte Presseberichte), New Westminster, BC 1995

Napier, John, Bigfoot: *The Yeti and Sasquatch in Myth and Reality,* London 1972; London 1976; New York 1973

Orchard, Vance, *Bigfoot of the Blues,* Walla Walla, WA 1993

Patterson, Roger, *Do Abominable Snowman of America Really Exist?* Yakima, WA 1966

Perez, Danny, Big Footnotes: *A Comprehensive Bibliography Concerning Bigfoot, the Abominable Snowman, and Related Beings,* Norwalk, CA 1988

Place, Marion T., *Bigfoot All Over the Country,* New York 1978

Pyle, Robert Michael, *Where Bigfoot Walks,* New York 1995

Sanderson, Ivan T., *Abominable Snowmen: Legend Come To Life,* Philadelphia 1961; New York überarbeitete Kurzfassung 1977

Shackley, Myra: *Und sie leben doch,* München 1983

Slate, B. Ann, und Alan Berry; *Bigfoot,* New York 1976

Sprague, Roderick, und Grover S. Krantz (Herausg.), *The Scientist Looks at the Sasquatch,* Moscow, ID 1977 (neue Ausgabe mit 3 neuen Artikeln, veröffentlicht 1979)

Steenburg, Thomas N., Sasquatch: Bigfoot: *The Continuing Mystery* (neue Ausgabe von *The Sasquatch in Alberta*), Surrey, BC, und Blaine, WA 1993

Wasson, Barbara, *Sasquatch Apparitions: A Critique on the Pacific Northwest Hominoid,* Bend, OR 1979

Wylie, Kenneth, *Bigfoot: A Personal Inquiry into a Phenomenon,* New York 1980

Bigfoot-Forschungsgruppen, unabhängige Forscher, Magazine und Web-Sites

Diese Liste erhebt keinen Anspruch auf Vollständigkeit, ist jedoch ein guter Start, um nach weiteren Internet-Sites zu suchen. Die mcisten Web-Sites weisen Links zu anderen Web-Sites über Bigfoot auf. Zum Zeitpunkt der Erstellung dieser Liste (Anfang 1998) waren alle Angaben korrekt.

Bigfoot Central (Cliff Crook, Bigfoot-Forscher) – Tel: 425-402-0614 – e-mail: BigfootCentral@webtv.net – siehe web-site unter: http://www.suresite.com/wa/b/bigfoot

Bigfoot Co-op (Constance Cameron), 14602 Montevideo Drive, Whittier, CA 90605, USA. Sechsmal jährlich erscheinendes Mitteilungsblatt. Enthält Sichtungsberichte und Artikel.

Bigfoot Encounters: California Sightings List (Bobbie Short) – siehe Web-Site unter: http://www.n2.net/prey/bigfoot

Bigfoot – Fact or Fantasy? (Roger Thomas) – siehe Web-Site unter: http://www.netcomuk.co.uk/rfthomas/bigfoot.html

Bigfoot Field Researchers Organization (BFRO): siehe Web-Site unter: http://www.moneymaker.org/
BFRR Nationale Organisation bestehend aus Wissenschaftlern und Feldforschern

Bigfoot – Man or Beast? Myth or Reality? (Raymond Gavel): siehe Web-Site unter: http://www.cgocable.net/rgavel/links/bigfoot.html

Bigfoot Museum, 817 Columbus Avenue, #161, San Francisco, CA 94133, USA. Kurator – Erik Beckjord. Siehe auch unten, Sasquatch Research Project.

Creature Chronicles (Ron Schaffner) – siehe Web-Site unter: http://home.fuse.net/rschaffner/ Unabhängiger Informations- und Nachrichtendienst: Kryptozoologie und Tierphänomene.

Cryptozoology, siehe ISC/International Society of Cryptozoology.

Cryptozoology Page (Kevin Shepherd) – siehe Web-Site unter: http://members.aol.com/SSBN641Gld/index.html

Global Bigfoot Encyclopedia (Scott McNabb) – siehe Web-Site unter: http://www.planetc.com/users/bigfoot/bigfoot.htm

Mary Green, 17 Villa Court, Livingston, TN 38570, USA – Tel: 931-823-3083 – e-mail: green@multipro.com Unabhängige Forscherin, die Bigfoot-Sichtungen in Tennessee untersucht.

Gulf Coast Bigfoot Research Organization, Route 1, Box 295, Warren, Texas 77664, USA. Ansprechpartner: Bobby Hamilton – Tel: 409-547-3477 – e-mail: bobby@iamerica.net Untersuchung von Bigfoot-Berichten in Texas, Louisiana, Arkansas, Oklahoma.

Hairy Hominid Archives (Ben Roesch) –
siehe Web-Site unter:
http://www.ncf.carleton.ca/bz050/HomePage.bf.html

International Sighting Database (Scott McNabb) –
siehe Web-Site unter:
http://www.planetc.com/users/bigfoot/scott.htm

ISC/International Society of Cryptozoology,
PO Box 43070, Rucson, AZ 85733.
Veröffentlicht den *ISC Newsletter* und die Zeitschrift *Cryptozoology*.

Internet Virtual Bigfoot Conference (IVBC),
Ansprechpartner: Henry Franzoni –
siehe Web-Site unter:
http://www.teleport.com/caveman/ivbc.html
FAQ (frequently asked questions,
häufig gestellte Fragen)
Web-site: http://www.nasinet.org/faq95b.html

North American Science Institute (NASI),
209 Oak Street, Suite 202, Hood River, OR 97031,
USA – Tel: 541-387-4300; Fax 541-387-4301 –
e-mail: NASI@gorge.net –
siehe Web-Site unter:
http://www.nasinet.org
Bigfoot-Forschungsgruppe, die ein Magazin herausgibt.

Progressive Research, Dept 291 – 720 Sixth Street,
New Westminster, BC, V3L 3C5, Kanada –
Ansprechpartner: Christopher L. Murphy –
Tel: 604-522-9982; Fax 604-522-3841 –
e-mail: cmurphy@axionet.com –
siehe Web-Site unter:
http://www.teleport.com/prgrsch

Bigfoot-Fotos sowie Bücher und Gipsabdrücke von Fußspuren (z. B. Bayanov, Beck, Hunter, Murphy, Patterson).

Sasquatch Research Project (Erik Beckjord) – siehe Web-Site unter: http://www.crossfields.com/ufomus

The Track Record Newsletter – siehe Western Bigfoot Society.

Douglas Trapp – dtrapp@compuserve.com
Untersucht Bigfoot-Berichte im nördlichen Texas und südlichen Oklahoma.

Western Bigfoot Society (Ansprechpartner: Ray Crowe), 225 NE 30th, Hillsboro, OR 97124, USA – Tel: 503-640-6581 – siehe Web-Site unter: http://www.teleport.com/caveman/newwbs.html – Veröffentlicht das Mitteilungsblatt *The Track Record.*

Register

Kursiv gesetzte Seitenzahlen verweisen auf Abbildungen.

Unsere Vergangenheit ist mysteriös und rätselhaft. Vergangene Kulturen verfügten über ein geheimnisvolles Wissen, das jeder vernünftigen Erklärung zu trotzen scheint. Woher kannten die biblischen Propheten so detailgenau die Zukunft? Wer baute Flugzeuge im alten Ägypten ...?

Walter-Jörg Langbein
Geheimnisvolles Wissen

368 Seiten, Hardcover
DM 10,-/öS 73,-/sfr 10,-
ISBN 3-8118-1425-7

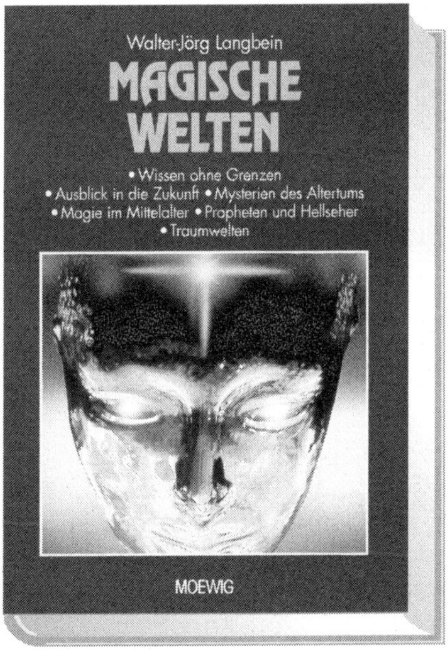

Phänomene, die jeder Logik widersprechen, ereignen sich jeden Tag auf unserem geheimnisvollen Planeten.Menschen sehen in Visionen die Zukunft voraus, lassen mit Gedankenkraft Eisenkugeln schweben, beeinflussen die Welt durch magische Riten. Wunder, Wahn oder Wirklichkeit?

Walter-Jörg Langbein
Magische Welten

368 Seiten, Hardcover
DM 10,-/öS 73,-/sfr 10,-
ISBN 3-8118-1424-9